成渝地区双城经济圈科技发展年鉴

2024

重庆生产力促进中心
四川省科学技术发展战略研究院　编
成都市科学技术信息研究所
重庆市科学技术情报学会

科学技术文献出版社
·北京·

图书在版编目（CIP）数据

成渝地区双城经济圈科技发展年鉴 . 2024 / 重庆生产力促进中心等编 . -- 北京 : 科学技术文献出版社, 2025.3. -- ISBN 978-7-5235-2284-4

Ⅰ. G322.771.1；G322.771.9

中国国家版本馆 CIP 数据核字第 2025W1X272 号

成渝地区双城经济圈科技发展年鉴2024

| 策划编辑：张　闫 | 责任编辑：韩　晶 | 责任校对：王瑞瑞 | 责任出版：张志平 |

出 版 者	科学技术文献出版社
地　　　址	北京市复兴路15号　邮编 100038
出 版 部	（010）58882952，58882087（传真）
发 行 部	（010）58882868，58882870（传真）
邮 购 部	（010）58882873
官 方 网 址	www.stdp.com.cn
发 行 者	科学技术文献出版社发行　全国各地新华书店经销
印 刷 者	北京九州迅驰传媒文化有限公司
版　　　次	2025 年 3 月第 1 版　2025 年 3 月第 1 次印刷
开　　　本	889×1194　1/16
字　　　数	326千
印　　　张	14　彩插20面
书　　　号	ISBN 978-7-5235-2284-4
定　　　价	128.00元

版权所有　违法必究

购买本社图书，凡字迹不清、缺页、倒页、脱页者，本社发行部负责调换

《成渝地区双城经济圈科技发展年鉴 2024》编纂委员会

主　任　王　伟　吴家桦　陈　旭

副主任　廖　明　卢忠伟　刘宏林　孔祥川　毕治国　张振杰
　　　　　王　楠　王　飙

委　员　沈　着　刘　娟　石　浩　石　磊　陈　谊　陈传波
　　　　　杨　艳　辜　萍　宋　萍

《成渝地区双城经济圈科技发展年鉴 2024》编辑部

（按姓氏笔画排序）

主　　编　万立志　何　彬　汪　茜

副 主 编　周应雪　彭大敏　曾　琼

执行编辑　王春华　邓珮璇　吕亦楠　李　娟　周　艳　贾静杰
　　　　　　倪秀碧　郭建谱　彭　娟　谭　怡

成　　员　王彦超　韦玉东　龙　冬　田　雪　杨　洋　杨思涵
　　　　　　辛倩雯　陈百平　罗　斓　谌微微　樊爱玲

前 言

　　成渝地区双城经济圈建设是 2020 年 1 月 3 日习近平总书记在中央财经委员会第六次会议上作出的重大决策部署。习近平总书记在中央全面深化改革委员会第二十一次会议上强调，要重点监测评价国家重大发展战略实施情况。为了贯彻落实中共中央、国务院印发的《成渝地区双城经济圈建设规划纲要》，中共重庆市委、中共四川省委、重庆市人民政府、四川省人民政府联合印发了《重庆四川两省市贯彻落实〈成渝地区双城经济圈建设规划纲要〉联合实施方案》，加强成渝地区科技创新统计监测，对于深入实施创新驱动发展战略、服务支撑科技创新管理决策具有重要意义。

　　《成渝地区双城经济圈科技发展年鉴 2024》全面反映了成渝地区科技协同发展的重要会议、重要举措、创新活动、重大工程、重点项目和研发投入等情况，强化统计资源共享。该年鉴基于政府统计调查，客观反映成渝地区创新活动和发展状况，为研究机构和社会公众提供更准确、更丰富的数据信息，为政府部门制定区域协同创新政策提供数据支撑。

　　衷心感谢来自各方的领导和专家对《成渝地区双城经济圈科技发展年鉴 2024》的成功出版给予的大力支持。

编辑部
2024 年 12 月

编辑说明

一、《成渝地区双城经济圈科技发展年鉴2024》（简称"双圈年鉴"）以习近平新时代中国特色社会主义思想为指导，全面贯彻落实党的二十大精神和中共中央、国务院印发的《成渝地区双城经济圈建设规划纲要》，以及中共重庆市委、中共四川省委、重庆市人民政府、四川省人民政府联合印发的《重庆四川两省市贯彻落实〈成渝地区双城经济圈建设规划纲要〉联合实施方案》，以共建具有全国影响力的科技创新中心为主线构建年鉴框架结构，切实发挥好年鉴记录历史、时事、文献和统计资料的作用，为唱好"双城记"、夺取"双胜利"贡献力量。

二、"双圈年鉴"由重庆生产力促进中心、四川省科学技术发展战略研究院、成都市科学技术信息研究所、重庆市科学技术情报学会共同编纂，每年出版一卷，在全国范围内公开发行。

三、"双圈年鉴"采用分类编辑法编纂，主体内文按类目、分目、条目3个层次编排，以不同字体、字号区别不同层次。为方便读者查阅，书中配有目录和页眉双重检索系统。

四、"双圈年鉴"设特载、发展篇、数据篇、大事记、附录5个类目，共17个分目、50多张数据表、16幅随文照片及图表。

五、"双圈年鉴"特载分2个分目，即重要会议、重要举措；发展篇分4个分目，即科技创新中心共建、成渝科技创新、科技创新中心重大项目、西部科学城；数据篇分8个分目，即地区综合、科技综合、研发综合、企业、高等院校、科研机构、国家级高新区、高技术产业（制造业）；大事记无分目；附录分3个分目，即政策规划、科技创新平台和载体、主要统计指标解释。"双圈年鉴"较为全面、系统地反映了成渝地区双城经济圈科技创新各个方面，着重呈现了成渝地区自主创新能力的研究与试验发展（R&D）指标构成情况，是反映成渝地区双城经济圈科技协同创新发展的重要工具书。

六、"双圈年鉴"统计范围说明：根据2021年10月中共中央、国务院印发的《成渝地区双城经济圈建设规划纲要》，以及《重庆都市圈发展规划》《成都都市圈发展规划》等文件内容，对"双圈年鉴"数据篇的统计范围做如下说明。

成渝地区双城经济圈：包括重庆市的中心城区、万州、涪陵等27个区（县）及开州、云阳地区，以及四川省的成都、自贡、泸州等15个市。

重庆都市圈：包括重庆市渝中区、大渡口区、江北区、沙坪坝区、九龙坡区、南岸区、北碚区、渝北区、巴南区、涪陵区、长寿区、江津区、合川区、永川区、南川区、綦江区、潼南区、铜梁区、大足区、荣昌区、璧山区和四川省广安市。

成都都市圈：包括四川省成都市、德阳市、眉山市、资阳市。

川东北渝东北：包括重庆市万州区、梁平区、丰都县、垫江县、忠县、开州区、云阳县和四川省南充市、达州市。

川南渝西地区：包括重庆市江津区、永川区、綦江区、大足区、铜梁区、荣昌区和四川省自贡市、泸州市、内江市、宜宾市。

七、"双圈年鉴"中涉及的历史数据，均以最新年鉴数据为准。部分数据因四舍五入存在总计与分项合计不相等的情况，属正常现象。

八、"双圈年鉴"中所列资料的统计口径、计算方法均以现行统计制度规定为准。其中，企业经济指标仅供参考。

九、"双圈年鉴"表中的符号使用说明："空格"表示该项统计指标数据不足本表最小单位数、数据不详或无该项数据。

统计口径说明

一、地区综合

地区综合部分包括成渝地区双城经济圈2020—2023年的地区生产总值、年末常住人口、财政收入支出、规模以上工业企业、对外贸易、教育与科学技术等综合指标，以及重庆、四川、成都三地2020—2023年的辖区面积、空气质量优良天数率、地区生产总值、人口与就业、财政收入支出、人民生活、规模以上工业企业、对外贸易、教育与科学技术、公共设施等类别中的部分统计指标。

资料主要来源于各地区统计年鉴、科技统计年鉴，以及科技部门整理的资料。

二、科技综合

科技综合部分包括成渝地区双城经济圈2020—2023年的R&D人员、R&D经费及投入强度、技术市场、专利等综合指标，重庆、四川、成都三地2020—2023年的R&D人员、R&D经费及投入强度、人才、专利、科技奖励、技术市场、创新主体、创新载体等综合指标，以及2023年成渝地区双城经济圈各区域的地方财政科技支出、专利状况、技术市场等统计指标。

资料主要来源于各地区科技统计年鉴、国家综合和专项科技统计资料，以及科技部门整理的资料。

三、研发综合

研发综合部分包括成渝地区双城经济圈各区域的R&D人员、R&D经费及其有关分类等统计指标。
资料主要来源于各地区科技统计年鉴、国家综合科技统计资料。

四、企业

企业部分统计口径为规上工业企业和高新技术企业两种。规上工业企业指年主营收入在2000万元及以上的采矿业、制造业、电力、热力、燃气及水生产和供应业企业；高新技术企业指经工业和信息化部火炬中心认定的在有效期内的高新技术企业。其中，规上工业企业主要内容包括基本情况、R&D人员、R&D经费、企业办研发机构、新产品、知识产权、相关政策落实情况、技术获取

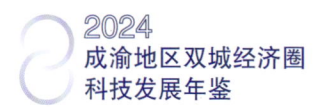

和技术改造等统计指标；高新技术企业主要内容包括经济概况、人员概况、研究开发活动、企业办研发机构、新产品、知识产权、相关政策落实、技术获取和技术改造等统计指标。

资料主要来源于企业（单位）研发活动统计年报、中国火炬统计年鉴、各地区统计年鉴、各地区科技统计年鉴，以及科技部门整理的资料。

五、高等院校

高等院校部分统计口径为全部高校。其主要内容包括科技活动情况、R&D 人员、R&D 经费、R&D 课题、知识产权、其他产出等统计指标。

资料主要来源于各地区科技统计年鉴和科技部门整理的资料。

六、科研机构

科研机构部分统计口径为科学研究和技术服务业非企业单位，具体指有法人地位的政府部门属科学研究与技术开发机构、科学研究和技术服务业有法人地位有研究与试验发展（R&D）活动的其他事业单位和民办非企业单位。其主要内容包括 R&D 人员、R&D 经费、R&D 课题、知识产权、其他产出等统计指标。

资料主要来源于各地区科技统计年鉴和科技部门整理的资料。

七、国家级高新区

国家级高新区部分包括成渝地区所有国家级高新区内企业的工商注册企业数及入统企业数、年末从业人员、工业总产值、净利润、上缴税费、出口总额、营业收入等统计指标，以及研究开发人员、R&D 人员折合全时当量、研究开发经费内部支出等统计指标。

资料主要来源于中国火炬统计年鉴。

八、高技术产业（制造业）

高技术产业（制造业）部分统计口径为规模以上工业企业中的高技术产业（制造业）企业，具体指国民经济行业中 R&D 投入强度相对高的制造业行业，包括医药制造，航空、航天器及设备制造，电子及通信设备制造，计算机及办公设备制造，医疗仪器设备及仪器仪表制造，信息化学品制造六大类。其主要内容包括生产经营情况、R&D 人员、R&D 经费、新产品、专利、技术获取和技术改造、企业办研发机构等统计指标。

资料主要来源于各地区科技统计年鉴和科技部门整理的资料。

金凤实验室

国家超级计算成都中心

2023年11月6日，由科技部、中国科学院、中国工程院、中国科协、重庆市人民政府、四川省人民政府共同举办的首届"一带一路"科技交流大会在重庆开幕

2023年11月6日，首届"一带一路"科技创新专项合作计划启动

2023年12月14日,第三届成渝地区科普创新发展论坛在重庆举行,现场发布2023年"成渝地区共建科普基地"培育名单

2023年7月8日,第三届成渝双城青少年科技雏鹰研学营在成都开营,营员们在成都理工大学地质灾害防治与地质环境保护国家重点实验室前合影留念

目 录

特 载 ··· 1

重要会议 ·· 3

 推动成渝地区双城经济圈建设重庆四川党政联席会议第七次会议座谈会召开 ··· 3
 推动成渝地区双城经济圈建设重庆四川党政联席会议第八次会议召开 ············ 4
 推动成渝地区双城经济圈建设联合办公室2023年第一次主任调度会召开 ········ 7
 推动成渝地区双城经济圈建设联合办公室2023年第二次主任调度会召开 ········ 7
 推动成渝地区双城经济圈建设联合办公室2023年第三次主任调度会召开 ········ 8
 推动成渝地区双城经济圈建设联合办公室2023年第四次主任调度会召开 ········ 8
 川渝协同创新专项工作组第六次会议召开 ······································· 9
 重庆成都双核联动联建会议第二次会议召开 ····································· 10
 重庆市推动成渝地区双城经济圈建设领导小组会议召开 ························ 11
 四川省推动成渝地区双城经济圈建设暨推进区域协同发展领导小组会议召开 ··· 12

重要举措 ··· 14

 2023年川渝两省市共同实施重大项目清单发布 ··································· 14
 国家发展改革委首次总结了成渝地区双城经济圈跨区域协作18条经验做法 ····· 14
 川渝"双向奔赴"加快共建重点实验室 ·· 15
 川渝临床研究/试验区域伦理联盟、川渝临床研究联盟成立 ····················· 16
 2023年"成渝共建科普基地"培育名单发布 ····································· 16
 2023川渝科技学术大会发布优秀论文184篇 ····································· 17
 首届川渝学会秘书长沙龙在内江举行 ·· 17
 第三届成渝双城青少年科技雏鹰研学营在蓉开营 ································ 17
 渝港双向奔赴 携手科技创新 ··· 18
 第十一届中国（绵阳）科技城国际科技博览会 与创新同行 与未来握手 ······ 19

发展篇 ·· 21

科技创新中心共建 ·· 23
成渝科技创新 ·· 27
　　重庆市 ··· 27
　　四川省 ··· 30
　　成都市 ··· 33
科技创新中心重大项目 ·· 38
西部科学城 ··· 45
　　西部（成都）科学城 ·· 45
　　重庆两江协同创新区 ·· 47
　　西部（重庆）科学城 ·· 49
　　中国（绵阳）科技城 ·· 50

数据篇 ·· 53

地区综合 ··· 55
　　成渝地区双城经济圈综合指标（2020—2023年） ·· 55
　　主要社会经济指标（2020—2023年） ··· 56
　　主要社会经济指标（2020—2023年）（续） ··· 57
科技综合 ··· 58
　　成渝地区双城经济圈综合指标（2020—2023年） ·· 58
　　成渝地区双城经济圈综合指标（2020—2023年）（续） ······························ 59
　　主要科技指标（2020—2023年） ·· 60
　　主要科技指标（2020—2023年）（续） ·· 61
　　地方财政科技支出（2023年） ··· 62
　　专利状况（2023年） ·· 64
　　技术市场（2023年） ·· 66
研发综合 ··· 68
　　R&D人员（2023年） ·· 68
　　R&D人员折合全时当量（2023年） ··· 70
　　按类型分R&D经费内部支出情况（2023年） ·· 72
　　按用途分R&D经费内部支出情况（2023年） ·· 74

按来源分 R&D 经费内部支出情况（2023 年） ·· 76

　　R&D 经费外部支出（2023 年） ··· 78

企业 ··· 80

　　规上工业企业基本情况（2023 年） ··· 80

　　规上工业企业 R&D 人员（2023 年） ··· 82

　　规上工业企业 R&D 经费内部支出（2023 年） ·· 84

　　规上工业企业 R&D 经费外部支出（2023 年） ·· 86

　　规上工业企业办研发机构（2023 年） ··· 88

　　规上工业企业新产品情况（2023 年） ··· 90

　　规上工业企业自主知识产权及相关情况（2023 年） ··· 92

　　规上工业企业相关政策落实（2023 年） ·· 94

　　规上工业企业技术获取和技术改造（2023 年） ·· 96

　　高新技术企业主要经济指标（2023 年） ·· 98

　　高新技术企业主要经济指标（2023 年）（续） ·· 100

　　高新技术企业收入情况（2023 年） ··· 102

　　高新技术企业人员情况（2023 年） ··· 104

　　高新技术企业研究开发活动情况（2023 年） ·· 106

　　高新技术企业办研发机构（2023 年） ··· 108

　　高新技术企业新产品情况（2023 年） ··· 110

　　高新技术企业自主知识产权及相关情况（2023 年） ··· 112

　　高新技术企业相关政策落实（2023 年） ·· 114

　　高新技术企业技术获取和技术改造（2023 年） ·· 116

高等院校 ··· 118

　　高等院校科技活动情况（2023 年） ··· 118

　　高等院校 R&D 人员（2023 年） ·· 120

　　高等院校 R&D 人员折合全时当量（2023 年） ·· 122

　　高等院校 R&D 经费内部支出（2023 年） ·· 124

　　按支出用途和资金来源分高等院校 R&D 经费内部支出情况（2023 年） ·················· 126

　　高等院校 R&D 经费外部支出（2023 年） ·· 128

　　高等院校 R&D 课题（2023 年） ·· 130

　　高等院校专利产出及相关情况（2023 年） ·· 132

高等院校其他产出及相关情况（2023 年） ……………………………………………… 134

科研机构 ………………………………………………………………………………………… 136
  科学研究和技术服务业非企业单位 R&D 人员（2023 年） ………………………… 136
  科学研究和技术服务业非企业单位 R&D 人员折合全时当量（2023 年） ………… 138
  科学研究和技术服务业非企业单位 R&D 经费内部支出（2023 年） ……………… 140
  科学研究和技术服务业非企业单位 R&D 经费外部支出（2023 年） ……………… 142
  科学研究和技术服务业非企业单位 R&D 课题（2023 年） ………………………… 144
  科学研究和技术服务业非企业单位专利产出及相关情况（2023 年） ……………… 146
  科学研究和技术服务业非企业单位其他产出情况（2023 年） ……………………… 148

国家级高新区 …………………………………………………………………………………… 150
  国家级高新区企业数量及人员情况（2023 年） ……………………………………… 150
  国家级高新区企业主要经济指标（2023 年） ………………………………………… 151
  国家级高新区企业营业收入（2023 年） ……………………………………………… 152
  国家级高新区企业主要科技指标（2023 年） ………………………………………… 153

高技术产业（制造业） ………………………………………………………………………… 154
  高技术产业（制造业）生产经营情况（2023 年） …………………………………… 154
  高技术产业（制造业）R&D 人员（2023 年） ………………………………………… 156
  高技术产业（制造业）R&D 经费支出（2023 年） …………………………………… 158
  高技术产业（制造业）新产品情况（2023 年） ……………………………………… 160
  高技术产业（制造业）专利产出及相关情况（2023 年） …………………………… 162
  高技术产业（制造业）技术获取和技术改造（2023 年） …………………………… 164
  高技术产业（制造业）企业办研发机构（2023 年） ………………………………… 166

大事记 ……………………………………………………………………………………………… 169

附　录 ……………………………………………………………………………………………… 177
政策规划 ………………………………………………………………………………………… 179
  科技部等印发《关于进一步支持西部科学城加快建设的意见》的通知 ……………… 179
  重庆市人民政府　四川省人民政府关于印发推动川渝万达开地区统筹发展
    总体方案的通知 …………………………………………………………………… 183
  四川省人民政府　重庆市人民政府关于印发推动川南渝西地区融合发展
    总体方案的通知 …………………………………………………………………… 193

其他文件……………………………………………………………… 203

科技创新平台和载体…………………………………………………… 204
　　科创板上市企业名录（2023年）……………………………………… 204
　　国家高新技术产业开发区名录（2023年）…………………………… 205
　　国家大学科技园名录（2023年）……………………………………… 205
　　国家级科技企业孵化器名录（2023年）……………………………… 206
　　国家众创空间名录（2023年）………………………………………… 209
　　国家认定企业技术中心名录（2023年）……………………………… 214

主要统计指标解释……………………………………………………… 219

特　载

重要会议

推动成渝地区双城经济圈建设重庆四川党政联席会议第七次会议座谈会召开

2023年6月26日，推动成渝地区双城经济圈建设重庆四川党政联席会议第七次会议座谈会在重庆市璧山区召开。重庆市委书记袁家军主持并讲话，四川省委书记王晓晖出席并讲话。重庆市委副书记、市长胡衡华，四川省委副书记、省长黄强发言。国家发展改革委秘书长伍浩出席。

袁家军在讲话中指出，习近平总书记对推进中国式现代化作出一系列重要论述，对推动成渝地区双城经济圈建设提出一系列重要要求。我们要共同深化学习领会，进一步把思想和行动统一到习近平总书记重要讲话精神上来，全面贯彻党的二十大精神，牢牢把握双城经济圈建设是西部地区推进中国式现代化的重大战略，努力打造区域协调发展"第四极"，在全国发展大局中更好地发挥"三个作用"。要把"一体化"和"高质量"作为推动双城经济圈建设两个关键，坚定贯彻新发展理念，加快构建"一体两核多点"新格局，做大经济总量、提高发展质量，打造有实力、有特色的双城经济圈。要把成渝中部崛起作为推动双城经济圈建设走深走实的重要突破口，加快推动重庆西扩、成都东进，为两省市高质量发展注入新动能、拓展新空间。

袁家军指出，2023年以来，在党中央坚强领导下，我们推动成渝地区双城经济圈建设的政治自觉、思想自觉、行动自觉不断强化，工作更聚焦、措施更务实、氛围更浓厚，推动成渝地区双城经济圈建设进入加速实施的新阶段，创新动能更加强劲、协同发展更加有效、绿色本底更加坚实、改革开放更加深化、民生共享更加有感。要进一步提高政治站位、战略站位，把双城经济圈建设放在中国式现代化的宏大场景中谋划推进，加快成渝中部地区高质量一体化发展，打造带动全国高质量发展的重要增长极和新的动力源。要协同构建现代化基础设施网络，合力打造高能级综合交通枢纽，统筹推进现代水利工程建设，共同强化能源高效保障。要协同培育现代化产业体系，携手打造先进特色产业集群，共建成渝中部地区科创大走廊，合力打造国家战略产业备份基地。要协同打造内陆高水平开放门户枢纽，合力畅通开放通道，共建共享开放平台，共同营造一流营商环境，携手建设以西部陆海新通道为牵引的南向开放新枢纽。要协同建设现代化城乡融合发展新样板，合力打造高能级现代化城市群，联合实施"强镇带村"工程，携手促进乡村全面振兴。要协同推进高品质生活宜居地建设，推动公共服务共享，提升生态环境质量，促进区域文旅融合发展，积极支持参与成都大运会。要共同抓好组织保障，完善工作机制，强化政策协同，抓实项目落地，推动工作落实，更好带动合作整体推进。

王晓晖在讲话中指出，推动成渝地区双城经济圈建设是习近平总书记亲自研究、亲自部署、亲自推动的重大战略决策，是党中央交给川渝两地的重大政治任务。这一重大战略明确了"一极一源、两中心两地"的战略定位和7个方面的重点任务，带给了我们共建中国经济增长"第四极"的宝贵历史机遇，必将有力带动未来一个时期两省市高质量发展再上新台阶。推动成渝地区双城经济圈建设，国家有部署、双方有需要、现实有基础，只要我们两地加强合作、密切协作、同步发力，就一定能壮大成渝主轴、挺起中部脊梁，推动国家战略走深走实、更好服务国家全局。

王晓晖指出，希望两省市把研究推动成渝中部地区加快崛起作为战略重点，抓好两地毗邻地区重大合作平台的先行发展，积极探索经济区与行政区适度分离改革新路径，抓好国省新区和高新区协同发展，不断提升对中部地区的经济辐射力、发展带动力和能级提升力，进一步夯实双城经济圈建设的重要支撑。要把全方位互联互通作为关键抓手，推动成渝中线高铁、渝西高铁等标志性干线项目提速建设，加快推进川渝1000千伏特高压交流工程建设，做深做细川渝通办事项，让两地群众享受到国家战略带来的更多红利，进一步筑牢双方交往交流的坚实底座。要把构建现代化产业体系作为主攻方向，协同推进工业转型升级、服务业恢复提振、农业提质增效，聚焦优势产业加强协作配套，共建高水平产业集群，进一步培育川渝发展新动能新优势。要把提升区域协同创新能力作为共同使命，以共建成渝综合性科学中心、西部科学城和推进绵阳科技城建设为牵引，以各类国省实验室建设为依托，合力打造产学研用深度融合的科技创新矩阵，进一步服务国家高水平科技自立自强。要把健全完善合作机制作为支撑保障，理顺体制、打破阻隔、提升效能，为双方互利协作提供更加良好的制度机制环境，进一步推动国家战略落地见效。

座谈会上，胡衡华、黄强围绕推动成渝中部地区高质量发展等分别发言。会议听取了强化川渝协同、双核联动联建有关工作情况汇报，审议了《关于优化完善推动成渝地区双城经济圈建设川渝合作工作机制的建议》、2023年下半年重点合作事项清单。

（来源：川观新闻）

推动成渝地区双城经济圈建设重庆四川党政联席会议第八次会议召开

2023年12月28日，推动成渝地区双城经济圈建设重庆四川党政联席会议第八次会议在绵阳召开。重庆市委书记袁家军出席会议并讲话，四川省委书记、省人大常委会主任王晓晖主持会议并讲话。重庆市委副书记、市长胡衡华，四川省委副书记、省长黄强分别通报有关情况。重庆市政协党组书记程丽华，四川省政协主席田向利，重庆市委副书记李明清，四川省委副书记、成都市委书记施小琳出席。

袁家军在讲话中指出，四川省深入学习贯彻党的二十大精神和习近平总书记对四川工作系列重要指示精神，大力实施"四化同步、城乡融合、五区共兴"发展战略，推动治蜀兴川各项事业取得显著成绩，许多好经验好做法值得重庆认真学习借鉴。2023年以来，我们坚决贯彻习近平总书记关于推动成渝地区双城经济圈建设的重要指示精神，聚焦"两中心两高地"战略定位，全面加强战略协同和工作协调，推动战略共识不断深化、重大项目加快建设、重大改革持续推进、重大政策深入实施、重大平台优化提升，双城经济圈建设势头良好、亮点纷呈。这些成绩的取得，是以习近平同志为核心的党中央科学决策的结果，充分反映出推动双城经济圈建设完全符合高质量发展和现代化建设时代潮流，进一步坚定了共同贯彻落实国家战略的信心决心。

袁家军强调，党的二十大对促进区域协调发展推进中国式现代化作出系统部署，刚刚召开的中央经济工作会议又对城乡融合、区域协调发展作出了新部署。我们深刻感到，成渝地区双城经济圈建设在全国大局中的地位作用日益凸显、使命任务更加重大，亟须拓展视野格局，更好催生新动能、激发新活力、打造新优势、拓展新局面，在打造高质量发展重要增长极和新的动力源上精准发力，在落实国家重大战略上积极作为，在推进以人为核心的新型城镇化上探索新路，以重点突破带动总体推进，跑出双城经济圈建设新速度，积累支撑区域发展、整体跃升加速度，以成渝地区一域更好服务全国发展大局。

袁家军指出，2024年是新中国成立75周年，是实现"十四五"规划目标任务的关键一年。我们要加强川渝全方位合作、全领域协同，紧扣一体化和高质量两个关键词，推动"把坚持高质量发展作为新时代的硬道理"形成生动实践，构建具有川渝特色和优势的现代化产业体系，打造成渝综合性科学中心。加强双城经济圈建设与长江经济带高质量发展、西部陆海新通道建设、国家战略腹地建设等协同联动，携手建设内陆开放战略高地和参与国际竞争新基地，打造新时代国家战略腹地核心承载区。聚力推进双城经济圈建设取得一批标志性成果，加快构建成渝地区新型能源体系，共建以人为核心的新型城镇化示范样板，打造巴蜀文化旅游走廊，推动"川渝通办"提质扩面。深化拓展川渝合作领域，健全完善协同机制和市场化运作机制，推动各项合作事项落地见效。

王晓晖在讲话中指出，习近平总书记一直对成渝地区双城经济圈建设牵挂于心，在不同场合多次作出部署、提出要求，特别是2022年6月、2023年7月两次来川视察，对推动双城经济圈建设作出系列重要指示，为我们推动国家战略走深走实提供了方向指引和根本遵循。2023年是川渝两地经济加快恢复、稳定向好发展的重要一年，也是双城经济圈建设接续推动、全面起势的关键之年。乘着国家战略东风之势，重庆经济社会发展成绩突出、可圈可点，令人十分振奋；四川和重庆一样，各个方面都取得新的进展，全面建设社会主义现代化四川实现良好开局。在严峻复杂形势和多重约束条件下，川渝两地能保持强劲发展动能、交出靓丽"成绩单"，充分证明了总书记、党中央作出双圈建设的重大战略部署是完全正确的，充分证明了川渝两地推动相向发展的工作是有力有效的，也让我们进一步增强了"唱好双城记、建好经济圈"的信心决心。2024年是成渝地区双城经济圈建设的第5年，川渝合作进入聚力推进、深度融合的发展新阶段。我们愿与重庆一道，坚持"川渝一盘棋"，紧紧围绕强化"四个功能"推进协同发展，做好"相互赋能、相向发展"的大文章，不断提高成渝地区双城经济圈的经济辐射力和发展带动力，共同为强国建设、民族复兴伟业作出新的更大贡献。

王晓晖指出，希望两省市统筹推进新型工业化与培育新质生产力，加强优势产业协同壮大，前瞻布局新兴产业，整合创新资源赋能产业发展，共同打造具有川渝特色的世界级产业集群。统筹推进新型城镇化与乡村全面振兴，抓好规划引领和试点示范，促进城乡要素双向流动、公共资源均衡配置、基层治理高效协同，共同推动形成城乡融合发展新格局。统筹深化改革与扩大开放，进一步深化经济区与行政区适度分离改革，铁公水空齐发力加快推进开放通道建设，强化两地标志性重大展会活动的客商整合、品牌整合、成果整合，共同建设具有全国影响力的改革开放新高地。统筹高品质生活与高效能治理，深化拓展"川渝通办"服务事项，进一步提升高频民生事项服务效能，加强社会治理合作，共同增进两地群众民生福祉。统筹发展与安全，携手维护国家能源安全、粮食安全、生态安全，共同提升维护国家战略安全保障能力。

会上，胡衡华、黄强分别通报两省市2023年经济社会发展情况，并介绍共推新型工业化有关考虑。会议审议了《省市领导联系川渝毗邻地区合作共建功能平台方案》《推进川渝公共服务一体化深化便捷生活行动事项2024年版》，听取了关于深化重庆四川合作推动成渝地区双城经济圈建设2023年重点任务完成情况及2024年重点任务考虑、共建成渝地区双城经济圈2023年重大项目推进情况及2024年重大项目考虑、重庆成都双核联动联建2023年工作推进情况及2024年重点任务考虑的汇报。

会前，双方举行了川渝加快推进新型工业化共同打造具有国际竞争力的先进制造业集群活动，通过视频连线听取了川渝合作示范园区协同建设、汽车产业协同建设有关情况汇报。活动现场，举行了成渝地区电子信息先进制造集群培育提升三年行动启动仪式，袁家军、王晓晖、胡衡华、黄强共同启动。

在川期间，重庆市党政代表团还参观考察了中国（绵阳）科技城创新馆、长虹智能制造产业园、埃克森新能源（绵阳）电池产业园，了解川渝两地共同打造具有国际影响力的电子信息产业集群和绵阳市推进创新驱动发展、建设现代化产业体系、发展新能源产业等情况。

重庆市领导陈鸣波、于会文、罗蔺、陈新武、张鸣、张安疆，四川省领导曹立军、陈炜、董卫民、王雁飞、郑备、左永祥，成都市市长王凤朝，川渝两省市有关部门和地方负责同志等参加。

（来源：川观新闻）

推动成渝地区双城经济圈建设联合办公室2023年第一次主任调度会召开

2023年1月16日，推动成渝地区双城经济圈建设联合办公室召开2023年第一次主任调度会，围绕落实重庆四川党政联席会议第六次会议精神，重点研究优化完善定期交流机制、闭环落实机制、专班推进机制"三个机制"，研究部署下一阶段重点工作。

会议指出，2022年联合办公室认真学习贯彻党的二十大精神和习近平总书记重要讲话、重要指示批示精神，深刻领会党的二十大关于成渝地区双城经济圈建设的重大战略部署，克服高温缺电、疫情反复、灾害频发等超预期因素影响，强化协作联动、狠抓工作落实，推动成渝地区双城经济圈建设取得积极成效。

会议强调，2023年是成渝地区全面贯彻落实党的二十大精神的开局之年，联合办公室要紧扣双城经济圈建设目标定位，按照两省市党委、政府安排部署，统筹抓总出思路、分工协作抓督导、集中力量出成果。要聚焦重点难点，纵深推进、攻坚克难，会同川渝两省市有关部门和市区（县），优化完善合作机制，持续加强政策协同，协调加快重大项目建设，协同建设重大平台，推动成渝地区双城经济圈建设乘势跃升。

两省市发展改革委相关负责同志参加会议，万达开川渝统筹发展示范区、川南渝西融合发展试验区、资大文旅融合发展示范区书面汇报建设情况。

（来源：四川省发展改革委）

推动成渝地区双城经济圈建设联合办公室2023年第二次主任调度会召开

2023年4月8日，推动成渝地区双城经济圈建设联合办公室召开2023年第二次主任调度会议，学习贯彻城镇化工作暨城乡融合发展工作部际联席会议第五次会议、重庆四川党政联席会议第六次会议精神，调度遂潼川渝毗邻地区一体化发展先行区建设和生态环境共建专项工作推进情况，审议万达开技术创新中心建设方案，研究部署有关工作。

会议指出，成渝地区双城经济圈建设重大战略提出3年多来，联合办公室在川渝两省市党委、政府坚强领导下，充分发挥统筹协调作用，会同两省市有关部门、市（区、县），围绕《成渝地区双城经济圈建设规划纲要》明确的重点任务和年度工作要点，协同推进基础设施互联互通、生态环境共建共保、公共服务便利共享等取得积极成效。

会议强调，党的二十大对成渝地区双城经济圈建设作出安排部署，四川将其作为现代化建设总牵引、重庆将其作为市委"一号工程"，联合办公室要进一步提高政治站位，切实增强落实国家战略的责任感和使命感，用实际行动推动双城经济圈建设迈上新台阶、取得更大成效。要聚焦进一步强化战略实施保障，加快优化完善常态化合作机制，精心筹备重庆四川党政联席会议第七

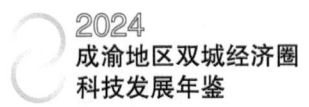

次会议；要聚焦细化落实年度重点任务，持续深化重点区域重点领域合作，推动重大平台、重大政策、重大改革取得新突破；要聚焦支撑区域经济高质量发展，谋划实施一批重大项目，形成更多可视化成果。

两省市发展改革部门，成都市有关负责同志参加会议。

（来源：重庆市发展改革委）

推动成渝地区双城经济圈建设联合办公室2023年第三次主任调度会召开

2023年10月17日，推动成渝地区双城经济圈建设联合办公室召开2023年第三次主任调度会议，深入学习贯彻习近平总书记来川视察重要指示精神，调度川渝合作重大事项，审议通过共建成渝地区双城经济圈2023年重大项目优化调整名单，研究部署下步工作。

会议认为，联合办公室认真落实两省市党委、政府安排部署，推动优化调整川渝合作机制，不断完善规划政策体系，指导合作平台有序推进，推动重大项目加快实施，双城经济圈建设年度重点任务取得积极成效。

会议强调，习近平总书记来川视察时，对推动成渝地区双城经济圈建设提出明确要求，为我们做好相关工作指明了方向、提供了遵循。要深化认识提高站位，认真学习领会、深入贯彻落实，推动国家战略不断走深走实。要加紧筹备重庆四川党政联席会议第八次会议，进一步完善会议方案，筹划好现场活动。要加快推进重大政策制定、重大项目实施、重大平台建设，全力以赴完成全年目标任务。要立足服务国之大者、省市要事，紧扣落实双城经济圈建设规划纲要，系统谋划2024年重点任务。要抓好自身能力建设，指导督促专项工作组切实履职尽责，尽快按川渝合作新机制要求常态化、规范化运行。

两省市发展改革、经济信息等部门，绵阳市发展改革委有关同志参加会议。

（来源：四川省发展改革委）

推动成渝地区双城经济圈建设联合办公室2023年第四次主任调度会召开

2023年11月14日，推动成渝地区双城经济圈建设联合办公室召开2023年第四次主任调度会议，调度川渝高竹新区、明月山绿色发展示范带、内江荣昌现代农业高新技术产业示范区建设情况，研究重庆四川党政联席会议第八次会议筹备情况，部署下步工作。

会议认为，联合办公室认真落实两省市党委、政府安排部署，充分发挥互派干部桥梁纽带作用，健全完善合作机制，加强对川渝合作共建功能平台的指导协调，推动年度重点任务落地落实，工作效能不断提升，各项工作取得显著成效。

会议强调，要精心筹备重庆四川党政联席会议第八次会议，倒排任务时间表，打好工作提前量，尽快完善会议方案，细化现场活动安排，加紧完善会议材料，确保会议圆满顺利举行。要抓紧抓实项目建设，聚焦双城经济圈建设的有关安排部署，梳理形成共建成渝地区双城经济圈2024年重大项目建议清单，切实发挥重大项目牵引支撑作用。要认真做好年度任务收官，对照2023年国家层面工作要点和川渝合作重点任务，逐项对标检查，强化闭环落实，提前做好2024年重点工作谋划。要加强典型经验总结宣传，围绕国家重视、纲要明确、群众关切的大事要事，深入挖掘先进经验做法，加大宣传力度，营造双城经济圈建设的良好氛围。

两省市发展改革、经济信息等部门有关同志参加会议。

（来源：重庆市发展改革委）

川渝协同创新专项工作组第六次会议召开

2023年10月10日，四川省科学技术厅和重庆市科学技术局在重庆召开了推动成渝地区双城经济圈建设科技协同创新专项工作组第六次会议。四川省科学技术厅党组书记、厅长、专项工作组组长吴群刚和重庆市科学技术局党委书记、局长、专项工作组组长明炬出席会议并讲话。四川省科学技术厅党组成员、副厅长陈学华，厅党组成员、机关党委书记赵敏，二级巡视员王建伟，重庆市科学技术局党委委员、副局长许志鹏，局党委委员、副局长王伟出席会议。

会议听取了"一带一路"科技交流大会筹备情况汇报，审议了《川渝共建重点实验室建设与运行管理办法》《川渝毗邻地区融合创新发展带三年行动计划》《川渝科研机构协同创新行动方案》，共同总结了川渝协同创新的工作推进情况，研究部署了下一步重点工作。

会议强调，推动成渝地区双城经济圈建设，是习近平总书记心之念之的重大国家战略。要深入学习贯彻党的二十大精神和习近平总书记来川考察重要指示精神，认真落实重庆四川第七次党政联席会议决策部署，进一步提高政治站位，凝聚工作合力，推动习近平总书记对成渝地区双城经济圈和科技创新工作的重要指示一项项落到实处，加快推动建设具有全国影响力的科技创新中心。

会议指出，在党中央的坚强领导下，按照川渝两省市党委政府决策部署，两省市科技系统紧密合作，不断强化政治自觉、思想自觉、行动自觉，川渝科技协同创新取得新进展新突破。出台了《成渝地区双城经济圈建设规划纲要》《建设具有全国影响力的科技创新中心总体方案》《关于进一步支持西部科学城加快建设的意见》等系列顶层文件。川渝两省市累计建成国家级创新平台236个；实施川渝科技创新合作计划，支持科技合作项目147项；国家高新技术企业突破2.1万家，国家科技型企业超过2.5万家；川渝科研单位联合组建了川渝技术转移联盟、科研院所联盟、大学科技园联盟等一批协同创新机构，为推动川渝地区双城经济圈建设提供了重要的科技支撑。

会议要求，要进一步深化川渝协同创新合作，加快推动建设具有全国影响力的科技创新中心。

一是要加快推进"一廊一带"区域协同创新布局，制定《成渝中线科创大走廊建设方案》《川渝毗邻地区融合创新发展带三年行动计划》。二是高水平建设西部科学城，联合争取一批全国实验室、国家技术创新中心等重大创新平台落地。三是要办好"一带一路"科技交流大会，塑造国家级科技交流品牌。四是要谋划建设一批川渝共建重点实验室，尽快取得一批应用基础研究和前沿技术研究成果。五是要扎实推进关键核心技术协同攻关，共同争取国家重大科技项目，协同开展关键核心技术和"卡脖子"技术攻关。

会前，科技协同创新专项工作组一行实地前往西部（重庆）科学城规划展览馆和金凤实验室参观考察，了解川渝两地"一城多园"模式推进西部科学城和实验室建设等情况。四川省科学技术厅办公室、规法处、基础处、区域处、国合处等处室主要负责同志，重庆市科学技术局办公室、战略处、法规处、基础处、合作处等处室主要负责同志，重庆高新区有关负责人参加会议和活动。

（来源：四川省科学技术厅）

重庆成都双核联动联建会议第二次会议召开

2023年9月27日，重庆成都双核联动联建会议第二次会议在蓉举行，共谋落实国家战略之计，共谱区域合作新篇。重庆市委副书记、市长胡衡华，四川省委副书记、成都市委书记施小琳出席会议并讲话。重庆市委常委、常务副市长陈鸣波，成都市委副书记、市长王凤朝分别通报重庆市主城都市区和成都市经济社会发展情况。重庆市副市长但彦铮、四川省副省长杨兴平出席会议。

会议传达学习了习近平总书记来川视察对成渝地区双城经济圈建设的重要指示精神及重庆四川党政联席会议第六次会议、第七次会议精神，审议了双核联动联建年度合作事项清单和文旅、体育两个合作方案。成渝两地有关区（市）县、部门围绕跨区域融合发展、轨道交通、医疗保障、住房公积金、农村产权流转交易、检验检测认证等签署了7个合作协议。

胡衡华指出，推动双核联动联建，是习近平总书记、党中央对成渝地区双城经济圈建设提出的重大战略任务，是重庆成都携手推进现代化建设的重要战略机遇。2023年1月，习近平总书记对重庆工作作出重要批示，强调要推动成渝地区双城经济圈建设走深走实。前不久，总书记在四川考察时，对双城经济圈建设作出新部署新要求。总书记的重要指示要求，极大鼓舞和激励了两地干部群众，为我们在新时代新征程唱好"双城记"、共建"经济圈"指明了方向、提供了遵循。过去一年，重庆成都相向而行、同向发力，两地合作机制更加健全、合作项目更加深入、合作领域更加多元，双核联动联建取得积极进展。我们要坚持川渝一盘棋、成渝一家亲，进一步加强战略对接、项目衔接、任务承接，加快形成新质生产力、增强发展新动能，以双核联动联建的实际成效推动双城经济圈建设走深走实，打造带动西部高质量发展的重要增长极和新的动力源。我们将与四川省和成都市一道，下更大气力推动"五个高效协同"。高效协同推进大通道大枢纽建设，持续推进西部陆海新通道降本增效、中欧班列增量提质、成渝世界级机场群协同共建、综合枢纽联建联运；高效协同推进现代化产业体系建设，加快构建以智能网联新能源汽车、高端装备制造、电子信息制造、食品及农产品加工等先进制造业为骨干的现代化产业体系；高效协同推进战略大后方建设，强化战略科技力量支撑、战略资源储备保障、关键基础设施布局；高效协同推进文旅和体育产业发展，共塑品牌、共抓消费、共促改革；高效协同推进公共服务共建共享，在扩容、提效上下功夫，推动更多服务事项落地，以数字化提升便民服务质效。

施小琳指出，习近平总书记、党中央高度重视成渝地区发展，赋予我们推动成渝地区双城经济圈建设的重大使命和政治责任。2023年7月，总书记来川视察时对四川现代化建设特别是推动成渝地区双城经济圈建设作出系列重要指示，为我们唱好"双城记"、深入推进双核联动联建，持续增强区域带动力和国际竞争力，更好服务成渝地区双城经济圈建设和国家战略全局提供了方向指引和根本遵循。在党中央、国务院的坚强领导下，在国家有关部委的指导支持下，重庆成都双核联动联建会议第一次会议以来，我们按照重庆四川合作框架机制安排部署，推动基础设施建设迈出新步伐、产业协作能力迈上新台阶、科技协同创新取得新突破、城市服务金融功能取得新提升、公共政策协同取得新进展，得到了社会、市场主体和市民的认可欢迎。希望双方统筹推进国际交通枢纽建设，增强双核联动联建的支撑保障；以共建世界级先进制造业集群为方向，更好推动产业建圈强链；依托西部科学城建设，全面提高科技创新和成果转化能力；强化西部金融中心服务功能，在更高层次提升金融资源集聚能力和对产业发展的带动作用；聚焦共建现代化国际都市重点突破，不断提升两地群众获得感幸福感安全感；进一步完善双核联动联建机制，在抓好第二批合作项目事项基础上，着眼"五个互联互通""五个共建"再谋划一批战略引领性强、支撑带动作用大的项目，更好服务国家战略走深走实。在蓉期间，重庆市代表团还前往四川成都航空产业园、成飞集团、天府艺术公园，考察产业建圈强链、公园城市建设等方面情况。

重庆市、四川省有关部门负责同志，成都市相关市领导、市级有关部门和区（市）县主要负责同志参加会议。

（来源：成都日报）

重庆市推动成渝地区双城经济圈建设领导小组会议召开

2023年12月25日上午，重庆市推动成渝地区双城经济圈建设领导小组召开会议。市委书记、领导小组组长袁家军主持会议并讲话。他强调，要深入贯彻落实习近平总书记重要指示精神，全面落实党的二十大决策部署，完善共建体系、实现共赢发展，进一步推动双城经济圈建设走深走实，不断提升成渝地区一体化发展水平，加快打造带动全国高质量发展的重要增长极和新的动力源。

市委副书记、市长、领导小组副组长胡衡华，市委副书记、领导小组副组长李明清，有关市级领导出席。

会议听取落实市委"一号工程"推进成渝地区双城经济圈建设"十项行动"情况和下步重点工

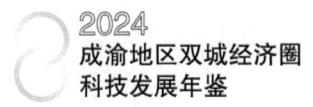

作打算汇报，听取市级有关部门、有关区县关于推进双城经济圈建设的情况、重庆四川党政联席会议第八次会议筹备情况等汇报。

会议指出，2023年以来，全市上下认真贯彻习近平总书记重要指示精神，高位推动成渝地区双城经济圈建设，各项工作按下"快进键"、跑出"加速度"，形成了一批具有重庆辨识度的年度标志性成果。面对新形势新任务，要坚定信心决心，强化实干担当，努力办好自己的事情、抓好合作的事情，唱好"双城记"，共建经济圈。要坚持对标学习、交流互鉴，开阔视野，更加有力地促进区域间良性竞争、协调发展。要坚持优势互补、共同发展，立足实际、突出特色，找准重点领域争取国家政策支持，进一步放大比较优势。要吸引整合各类资源，攥指成拳、形成合力，积极促进人口集聚、产业集聚，增强发展整体实力。

会议强调，要加快形成一体化工作体系，聚焦双核引领联动、交通基础设施建设、港口物流发展、构建现代化产业体系、科技创新、打造西部金融中心、西部陆海新通道建设等领域强化合作联动，找准切入口，更好实现优势互补、互促共赢。要拓展成渝地区双城经济圈建设内涵，对标国家战略腹地建设要求，完善配套政策体系，合力打造区域协作的高水平样板，显著提升区域整体竞争力。要系统总结年度工作，发掘亮点、找到差距、提高站位、放大格局，谋深谋实下步目标任务和工作抓手。全市各级各部门要主动担当、奋勇争先、协同发力，坚持全市域融入、全方位推进，不断增强工作谋划能力和执行能力，为提升重庆以一域服务全局的能力作出更大贡献。有关区县、市级有关部门负责人参加。

（来源：重庆日报）

四川省推动成渝地区双城经济圈建设暨推进区域协同发展领导小组会议召开

2023年4月27日，四川省推动成渝地区双城经济圈建设暨推进区域协同发展领导小组第五次会议召开，省委书记、领导小组组长王晓晖主持会议并讲话。他强调，要坚持以成渝地区双城经济圈建设引领推动区域协调发展，深入实施"四化同步、城乡融合、五区共兴"发展战略，加快形成各有优势、各具特色、相互促进的区域发展格局。

省委副书记、省长、领导小组第一副组长黄强出席会议并讲话。

会议听取了推进成渝地区双城经济圈建设进展、五大片区发展和建设具有全国影响力的科技创新中心等情况汇报，审议了五大片区2023年重点任务清单，肯定了过去一年推动成渝地区双城经济圈建设和区域协调发展取得的成效，对做好下一步相关工作作出安排部署。

会议指出，要坚决扛起重大政治责任，加快推动成渝地区双城经济圈建设乘势跃升。推动成渝地区双城经济圈建设是习近平总书记、党中央赋予我们的重大政治任务，党的二十大将其作为国家区域重大战略，必须集全省之力坚定不移推进，力争形成更多突破性、标志性成果。要抓好重大项目建设，做好在建项目资金、土地、用能等要素保障，提升已立项项目审批速度效率，积极做好筹建项目的对接和跟踪落实，形成可持续的良性循环。要抓好重点领域合作，科技创新方面要加快建设成渝综合性科学中心、西部科学城等高能级创新平台，谋划推动新一批川渝共建重点实验室和重大科技合作专项；产业发展方面要培育壮大电子信息、汽车制造、航空航天等先进制造业，实现主导产业强链条、壮集群，优势产业增比重、提质效；文旅发展方面要加快景区互推、客源互送、产品互售、宣传互动，高水平建设巴蜀文化旅游走廊；生态保护方面要开展毗邻区域生态环境保护联合执法，高水平实施"两岸青山·千里林带"建设；民生事业方面持续推进便捷生活行动，扩大"跨省通办""川渝通办"事项范围。要抓好重要改革试点，聚焦经济区与行政区适度分离、利益联结机制构建、统一大市场建设、城乡融合发展等重大改革事项，一项一项谋准抓实，以高质量改革赋能高质量发展。

会议指出，要扎实推进"五区共兴"发展，不断开创四川省区域协调发展新局面。具体工作中，要把握极核引领与辐射带动的关系，成都要增强科技创新策源力、高端要素聚合力、产业经济辐射力、人口环境承载力，加快建成践行新发展理念的公园城市示范区；成德眉资同城化综合试验区要尽快搭建一批承接载体和功能平台，其他市(州)要加强与成都的交流合作，形成协同联动、相互促进的生动局面。要把握次级突破与底部基础的关系，进一步加强领导、创新机制、整合资源，推动绵阳、宜宾—泸州、南充—达州省域经济副中心建设，加快实现次级跨越；把县域经济发展摆在重要位置来抓，力争未来几年取得较大进步。要把握良性竞争与合作共赢的关系，在推进共建产业链、共创创新链、共享价值链上下更大功夫，有效解决各自为战的突出问题，形成合作共赢的良好局面。要把握"四类地区"内生动力与外部支持的关系，针对革命老区、脱贫地区、民族地区、盆周山区发展实际，建立省内先发地区、部门、企业与欠发达地区结对共富机制，"一区一策"加大政策倾斜力度；"四类地区"要统筹用好支持政策，自力更生、艰苦奋斗，加快走出一条振兴发展新路子。

会议强调，推动成渝地区双城经济圈建设和区域协调发展，涉及方方面面，是一项系统工程。要加强组织领导、强化统筹协调，形成齐抓共管、密切配合的强大合力，更好推动高水平区域协调发展。

领导小组副组长、成员，省直有关部门和部分中央在川单位负责同志参加会议。

（来源：四川日报）

重要举措

2023年川渝两省市共同实施重大项目清单发布

2023年8月16日,推动成渝地区双城经济圈建设联合办公室正式印发《成渝地区双城经济圈建设规划(方案)明确重点项目清单》,《成渝地区双城经济圈建设规划纲要》和相关专项规划(方案)明确重点项目593个、总投资约5.22万亿元。

从建设批次看,清单中有完工项目80个、总投资2604亿元,在建项目257个、总投资3.01万亿元,开展前期项目157个、总投资8265亿元,规划研究项目99个、总投资1.12万亿元。规划重点项目累计开工337个,开工率达56.8%。

从重点领域看,现代基础设施项目332个、总投资4.71万亿元,现代产业项目80个、总投资1712亿元,科技创新项目27个、总投资205亿元,文化旅游项目63个、总投资1746亿元,生态环保项目47个、总投资867亿元,对外开放项目10个、总投资153亿元,公共服务项目34个、总投资407亿元。

从项目属地看,川渝共建重点项目46个,四川单方面实施项目285个,重庆单方面实施项目262个。

(来源:四川日报)

国家发展改革委首次总结了成渝地区双城经济圈跨区域协作 18条经验做法

2023年9月21日,国家发展改革委首次总结了成渝地区双城经济圈跨区域协作18条经验做法,印发各省区市借鉴。

国家发展改革委指出,成渝地区双城经济圈建设部署推进3年多来,重庆市、四川省切实深化合作、健全机制、推广一体化发展,在产业协作、政策协同、项目共建等方面形成了18条经验做法,可供其他地方在城市群建设和其他跨区域合作中借鉴。

这些经验做法共分为六大类,分别是:

在促进产业共建共兴方面，两地共建优势产业链，联合出台汽车、电子信息、装备制造、特色消费品4个领域高质量协同共建实施方案；共建联合招商机制，联合召开全球投资推介会，发布"双城双百"投资机会清单和成渝地区双城经济圈协同招商十条措施；探索经济区与行政区适度分离改革，将川渝高竹新区打造为全国首个跨省共建的省级新区。

在共同建设统一市场方面，两地推进市场准入"异地同标"，实现营业执照异地互办互发、立等可取；实现企业跨省市"一键迁移"，实现企业跨省迁移"即时办""零跑路"；共建跨省公平竞争审查协作机制，在重庆大足、北碚、万州、黔江与四川内江、绵阳、达州、南充开展公平竞争审查第三方交叉互评。

在协同推动对外开放方面，统一运营中欧班列（成渝）品牌，实现运营标识、基础运价、车辆调度"三统一"；推进跨省市"关银一KEY通"，首次实现"电子口岸卡"跨海关关区通办。

在深化生态环境共治方面，两地开展生态环境协同立法司法协作；开展跨界河流联防联控联治，在全国首创跨省河长制联合推进办公室并实行实体化办公；在全国率先共建危险废物跨省转移"白名单"机制。

在推动社会共建互融方面，推进政务"川渝通办"，联合发布3批311项"川渝通办"事项；推进跨省通信一体化；推进毗邻地区警情处置一体化。

在完善协调协商机制方面，川渝建立起多层次协商推进机制，已召开党政联席会议7次、常务副省市长协调会议7次；建立重大项目联合调度服务机制，2020—2023年已按年度分别滚动实施31个、67个、160个、248个重大项目；建立协同立法机制，实现立法项目协商确定、立法文本协商起草、立法程序同步推进、立法成果共同运用、法规实施联动监督；建立干部互派挂职机制，目前已互派3批次301名年轻干部。

（来源：重庆日报）

川渝"双向奔赴"加快共建重点实验室

2023年2月，《四川省人民政府 重庆市人民政府关于推动川渝共建重点实验室建设的实施意见》正式出台，将川渝共建重点实验室建设提上日程，并制定了"规划图"。11月3日重庆市科学技术局和四川省科学技术厅联合印发《川渝共建重点实验室建设与运行管理办法》，川渝共建重点实验室不仅有了"规划图"，也有了"施工图"。

川渝共建重点实验室提出将规范和加强川渝共建重点实验室的建设和运行管理，加快集聚创新资源，开展高质量协同创新，助推建设具有全国影响力的科技创新中心。实验室将依托川渝两省市的高校、科研院所、企业或其他具有科技创新能力的机构合作共建，实行理事会领导下的"双主任"负责制、人财物相对独立的管理机制和目标导向、协同攻关、开放共享的运行机制。聚焦制约川渝两省市重点产业发展的关键领域，按照"成熟一个，论证一个，建设一个"的原则，择优支持研究方向相近、联动创新链各环节或产业链上下游的两省市重点实验室联合共建。

（来源：重庆市人民政府）

川渝临床研究/试验区域伦理联盟、川渝临床研究联盟成立

2023年11月8日，由四川省科学技术厅、四川省卫生健康委员会、重庆市卫生健康委员会联合主办，成都市科学技术局、成都高新区管委会、四川大学华西医院等承办的川渝临床研究融合创新发展论坛在成都召开。

会上，华西医院牵头倡议成立川渝临床研究/试验区域伦理联盟、川渝临床研究联盟。联盟由四川大学华西医院牵头，涵盖四川省人民医院、四川省肿瘤医院、自贡市第一人民医院等38家四川医疗卫生机构，重庆市疾病预防控制中心、重庆医科大学附属第一医院等37家重庆医疗卫生机构。联盟以完善伦理审查互认机制、提高多中心伦理审查效率为目的，推动多中心临床研究规范化开展，保证多中心临床研究项目的一致性和及时性，促进西部医药健康协同创新，共同打造国家、省级临床研究高能级创新平台，提升川渝地区新药、新医疗器械及新技术的临床研究和转化应用能力。

联盟成立后，将推动伦理审查结果互认，提高多中心伦理审查效率，促进医药健康协同创新；推广专项伦理审查指南，指导医疗卫生机构规范科学地开展相关专业和技术的伦理审查，保护受试者合法权益，合规、安全使用医疗大数据；深化委托伦理审查和区域伦理委员会试点，支持不具备成立伦理委员会条件或伦理审查能力不足的医疗卫生机构，通过采取委托伦理审查或区域伦理委员会审查的方式，完成本单位研究项目的伦理审查工作，不断提升伦理审查的均质化水平；制定医疗卫生机构伦理委员会能力评估指标体系，探索建立委员准入机制，促进伦理委员会规范化建设和高质量发展。

（来源：中新网成都）

2023年"成渝共建科普基地"培育名单发布

2023年12月14日，以"数字赋能科普 成渝加'数'前行"为主题的第三届成渝地区科普创新发展论坛在重庆举行。论坛上举行了成渝科普基地战略合作、馆校合作协议签署仪式，发布了2023年"成渝共建科普基地""成渝优秀科普使者""成渝优秀科普作品"名单。

（来源：成都日报）

2023川渝科技学术大会发布优秀论文184篇

2023年12月12日,由重庆市科协和四川省科协共同举办的"汇聚科技力量,助力双城发展"2023川渝科技学术大会在重庆市召开。重庆市科协、四川省科协相关负责人,大会获奖代表及科技工作者代表参会。

开幕式上,发布了2023川渝科技学术大会优秀论文184篇,其中特等奖4篇、一等奖20篇、二等奖60篇、三等奖100篇;另外还发布了2023中国自动化大会、四川省智慧农业科技协会年会暨学术大会等川渝最具影响力学术活动20项;重庆功能材料学会、四川省科技协同创新促进会等川渝一流学会20家;《包装工程》等川渝一流科技期刊20家。年度川渝一流科技期刊获奖代表、《骨研究》英文主编周学东,年度川渝一流学会获奖代表、重庆市机械工程学会理事长朱才朝作交流发言。

自2020年以来,川渝两地科协联合创办的川渝科技学术大会已举办4届,通过搭建两地综合性、跨学科、开放性的学术交流平台,逐渐成为川渝最具影响力的科技学术盛会。

(来源:重庆市科学技术协会)

首届川渝学会秘书长沙龙在内江举行

2023年10月25日,由四川省科协、重庆市科协联合主办的"首届川渝学会秘书长沙龙"在内江隆昌市举行。本次沙龙以"提升学会服务能力 助力川渝创新发展"为主题,来自川渝的省、市级学会代表围绕服务成渝双城经济圈建设进行交流。重庆市科协党组成员、副主席戈帆出席活动并讲话,四川省科协学会服务中心主任沈军、内江市科协党组书记高宏出席,内江市科协主席、隆昌市副市长朱慧致欢迎辞。

(来源:四川科技报)

第三届成渝双城青少年科技雏鹰研学营在蓉开营

2023年7月8日,由重庆市科协和成都市科协联合主办的第三届成渝双城青少年科技雏鹰研学营开营仪式在蓉举办。此届成渝双城青少年科技雏鹰研学营由来自成都、重庆两地的80位营员组成,营期7天。7月14日,研学营活动闭营仪式在重庆科技馆举行。

在为期7天的研学营活动中,科技雏鹰们参观了成都理工大学地质灾害防治与地质环境保护国家重点实验室、电子科技大学电子科技博物馆、西南交通大学风工程试验研究中心、成都交通高级

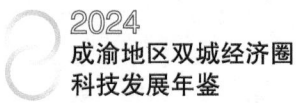

技工学校成都轨道交通职业学院（等）；走访了重庆大学机械传动国家重点实验室、长安汽车全球研发中心、果园港国际物流枢纽、重庆建川海疆博物馆、西南大学前沿交叉学科研究院生物学研究中心、华夏云翼国际教育基地。

据悉，自 2021 年起，成渝科协联合开展了三届成渝双城青少年科技雏鹰研学营活动，共计来自成渝双城 100 余所中小学校的 220 余名科技特长生代表参与。活动围绕"红（思政课）、蓝（科技课）、绿（乡村振兴课）"三类特色课程，在成渝双城 20 余名科学导师的带领下，走进约 30 所科普场馆、科研院所、高校开展丰富多彩的研学实践活动。

（来源：成都日报、上游新闻）

渝港双向奔赴　携手科技创新

2023 年 5 月 11 日，渝港合作会议第一次会议在重庆举行，重庆与香港签署推动渝港合作一系列合作备忘录，双方明确了未来在"一带一路"建设和经贸投资、金融、科技创新等 11 个领域的 47 条合作内容。其中，重庆市科学技术局与香港创新科技署共同签署了渝港创新及科技合作备忘录，从科技联合研发、共建创新平台、科技人文交流等 3 个方面进一步推进渝港科技创新合作。

在强化渝港科技联合研发方面，将支持两地大学和科研机构在智能科技、生命科技、先进制造、新能源科技、绿色低碳等重点领域进行基础研究和应用研发项目等合作，包括共同申报国家科技计划、内地与香港联合资助计划，共同承担重庆市科技创新重大和重点项目，以及建立联合实验室或联合研究中心等。

在建设科技创新合作平台方面，支持两地高校、科研机构及企业，共建科技创新合作平台，鼓励两地各类创新主体加强科技成果转移转化合作，参与"一带一路"科技创新合作区建设。支持引进香港高校、科研机构、企业创新资源，结合重庆产业需求，建设西部（重庆）科学城、两江协同创新区、广阳湾智创生态城科技服务业集聚区，打造未来产业科创园，推动科技成果转移转化与应用落地。

在开展科技人文交流方面，鼓励两地众创空间、科技企业孵化器等平台开展合作，促进两地科技人才创新创业。鼓励两地的大学及科研机构从各自的优势及关注领域出发，开展人才及技术等交流。鼓励两地高校、科研机构及企业联合举办或参与高端学术会议及论坛，共同参与双方现有交流活动，参加香港的国际性展会和重庆的"一带一路"科技交流大会等重要的活动。

（来源：科技日报）

第十一届中国（绵阳）科技城国际科技博览会
与创新同行　与未来握手

　　由中华人民共和国科学技术部和四川省人民政府共同主办，以"科技引领·创新转化·开放合作"为主题的第十一届中国（绵阳）科技城国际科技博览会（简称"科博会"）于2023年11月22—26日在四川省绵阳市举办。

　　聚焦前沿科技，展示硬核创新力。科博会是一场科技的盛宴，为各种新技术、新成果搭建起展示的大舞台。10年来，科博会坚持聚集全球最新科技成果，成为海内外展示最新科技成果、汇聚前沿科技信息的重要平台。本届科博会一批重大科技项目和众多高精尖展品将集中亮相。既有令人振奋的大国重器，也有让年轻人爱不释手的科技新品，彰显"中国创造"的不凡实力。

　　架起沟通桥梁，打造开放新格局。本届科博会聚焦科技、产业、经贸、文化等领域，举办主宾国系列交流活动。同时，专门设置了产学研合作展区，清华大学、北京大学、西北工业大学、香港科技大学等一批知名高校参展。

　　打通转化渠道，创新成果走向"大市场"。本届科博会期间，主论坛——川渝科技论坛及第二届中国激光科技创新产业大会、天府科技金融投融资峰会、首届川渝科普大会等活动将精彩亮相。

　　智汇中国科技城，科博会从"新"出发。每届的科博会都展现了绵阳以科技为底色，促改革、促发展、促创新的坚定决心。智汇科技城，创新向未来。

（来源：人民日报）

发展篇

科技创新中心共建

【年度概览】 2023年，成渝地区双城经济圈实现地区生产总值81 986.7亿元，较上年增长6.1%，占全国的6.5%；全社会研究与试验发展（R&D）经费支出2065.54亿元，较上年增长10.7%，占全国的6.2%；R&D经费投入强度达2.52%，较上年提高0.08个百分点；R&D人员达58.22万人，较上年增长7.1%。

【完善协同创新工作体系】 川渝两省市科技管理部门在原有"1+6"科技创新工作体系基础上，在科技资源开放共享、科技成果转化和产业化等方面持续优化完善协同创新工作机制。用好川渝协同创新专项工作组会议机制，提高会议召开频率，提升会议审议事项规格，扩大会议审议工作内容范围，共同推进重大规划编制、重大科创平台建设、重大项目实施和重大政策制度制定。2023年10月10日，川渝两省市召开了推动成渝地区双城经济圈建设科技协同创新专项工作组第六次会议，审议了《川渝共建重点实验室建设与运行管理办法》《川渝毗邻地区融合创新发展带三年行动计划》《川渝科研机构协同创新行动方案》。

【构建协同创新政策体系】 加快贯彻落实《成渝地区建设具有全国影响力的科技创新中心总体方案》，科技部会同国家发展改革委等14个部门联合印发《关于进一步支持西部科学城加快建设的意见》，不断推动国家部委从国家层面优化川渝协同创新制度设计，将成渝地区双城经济圈建设上升到国家战略层面。川渝两省市政府联合出台《成渝地区共建"一带一路"科技创新合作区实施方案》《四川省人民政府 重庆市人民政府关于推动川渝共建重点实验室建设的实施意见》，不断推动川渝协同创新走深走实。川渝两省市科技管理部门牵头出台《川渝科研机构协同创新行动方案》《川渝科技金融一体化发展行动方案》《川渝毗邻地区融合创新发展带三年行动计划》等政策文件，不断优化完善川渝协同创新政策体系。

【联合共建重点实验室】 2023年2月，《四川省人民政府 重庆市人民政府关于推动川渝共建重点实验室建设的实施意见》正式出台，将川渝共建重点实验室建设提上日程。推动川渝科技合作走深走实，搭平台是关键抓手，经过双方反复磋商、征求意见，重庆市科学技术局和四川省科学技术厅联合印发《川渝共建重点实验室建设与运行管理办法》（简称《办法》）。川渝共建重点实验室聚焦制约川渝两省市重点产业发展的关键领域，按照"成熟一个，论证一个，建设一个"的原则，择优支持研究方向相近、联动创新链各环节或产业链上下游的两省市重点实验室联合共建。《办法》提出，实验室要聚焦数智科技、电子信息、装备制造、食品轻纺、能源化工、先进材料、医药健康、绿色低碳等战略布局，在人工智能、生物技术、卫星网络、新能源与智能网联汽车、无人机、区块链、云计算、大数据、创新药物、精准医疗、生物制造、智慧农业、高端装备材料、先进光电与量子材料、新型半导体材料、高分子与复合材料、新能源与新型储能、绿色制造、再生资源利用、生态保护与修复等战略领域，以产业应用为导向开展应用基础研究和前沿技术研究。《办法》特别指出，实验室应加强科技资源开放共享，实验室的大型科研仪器设备应按相关规定纳入川渝科技资源共享服务平台，实现科研仪器设备开放共享和高效运转，提高资源使用效率。同时，实验室应共同争取并承担国家重点科技任务，组织实施一批协同创新科研项目，建立需求凝练、协同攻关、产学研合作、科研成果共享共用等合作机制，探索成果转化并形成产业的有效路径。2023年，重庆市科学技术局、四川省科学技术厅正式认定首批3个川渝共建重点实验室，分别为代谢性血管疾病川渝共建重点实验室、中药新药创制川渝共建重点实验室、数字经济智能与安全川渝共建重点实验室。

【合作共建西部科学城】 2023年，科技部会同国家发展改革委等14个部门联合印发《关于进一步支持西部科学城加快建设的意见》，明确进一步支持西部科学城加快建设的主要目标包括：以西部（成都）科学城、重庆两江协同创新区、西部（重庆）科学城、中国（绵阳）科技城作为先行启动区，加快形成连片发展态势和集聚发展效应，有力带动成渝地区全面发展，形成定位清晰、优势互补、分工明确的协同创新网络，逐步构建"核心带动、多点支撑、整体协同"的发展态势。到2025年，西部科学城建成若干国际领先的重大创新平台和研究基地，集聚一批具有国际影响力的高校、科研机构、创新型企业，在物质科学、核科学等基础学科领域实现原创引领，壮大战略性新兴产业集群，"科教产城人"融合发展体系基本建立，全社会研发经费投入占地区生产总值比重超过5%，万人高价值发明专利达80件以上，国家高新技术企业达7000家以上，高技术产业营业收入年均增速达8%，技术合同成交额年均增速达5%以上。到2035年，西部科学城建成综合性科学中心，科技综合实力迈入全国前列，集聚世界顶尖科学家群体，重点领域实现全球领先原创成果突破，主导产业迈入全球价值链高端，营造全球一流创新生态，引领成渝地区建成具有全国影响力的科技创新中心。

【联合开展关键核心技术攻关】 2020年以来，川渝两地集聚优势科技资源，围绕人工智能、大健康、生态环保、现代农业等技术领域，联合实施成渝地区科技创新合作计划，共同推进关键核心技术攻关，探索构建关键核心技术攻关协同创新机制，进一步提升组织创新能力水平，先后共同出资1.32亿元，联合实施4批共160项重点研发项目，有效解决了多项川渝两地技术创新难题。川渝两地为协同开展关键核心技术攻关，积极探索科研资金跨省使用模式，在省（直辖市）财政科研资金层面统筹科技资金支持，2023年，川渝两地均出资2000万元左右，单项项目财政资助额度不超过200万元，引导关键核心技术攻关跨省融合、协同增效。2023年，川渝联合实施关键核心技术攻关项目51项，实施川渝科技创新合作计划项目37项，支持经费达1480万元。2023年11月，川渝生物医药领域"揭榜挂帅"榜单发布，面向全球顶尖团队遴选合作伙伴，针对单分子测序技术、先导化合物筛选关键技术、类器官关键技术等16项项目进行联合攻关。16项项目锚定精准医学产业前沿方向，涵盖精准诊断、精准治疗、精准评价三大领域，单项项目可获得最高1000万元资金支持，实施周期原则上不超过2年。

【共同推进"一带一路"】 2023年2月15日，经国务院批准，科技部批复同意《成渝地区共建"一带一路"科技创新合作区实施方案》，标志着全国首个"一带一路"科技创新合作区正式获批建设。2023年4月22日，川渝两省市政府联合印发了《成渝地区共建"一带一路"科技创新合作区实施方案》，提出了推进多层次宽领域科技人文交流、建设专业化国际技术转移中心、完善国际科技合作体制机制等8个方面24项重点任务，该方案成为成渝地区开展国际科技合作的指导性文件。11月6—7日，川渝两省市政府会同科技部共同举办首届"一带一路"科技交流大会。国家主席习近平向大会亲致贺信，国务院副总理丁薛祥出席开幕式并致辞，来自80余个国家和国际组织的近1000名国内外嘉宾参会，2345家媒体进行线上线下报道，累计曝光量超6亿次。会上首次发布《创新丝绸之路发展报告》《国际科技合作倡议》，首次举办"一带一路"科技创新部长会议，科技部举办中外双边部级会见20余场，签署双边合作文件12项，凝聚合作共识，开创科技外交新局面。重庆市与白俄罗斯、塞尔维亚等国家达成科技合作意向25项；四川省主办未来医学创新合作论坛等3项主要活动和科技成果展览，邀请到20余位副部级领导和国内外知名院士专家参会，面向全球发布"揭榜挂帅"重大项目16项。

【共同促进成果转化】 2023年，川渝科技资源共享服务平台新增入网单位51家，年增长率达20.48%，新增入网科研仪器设备577台（套），年增长率达16.61%。入网仪器设备总量达9338台（套），总价值约81亿元。整合共享川渝两地大型科研仪器设备1.3万台（套），总价值约131亿元。重庆市北碚区、合川区、铜梁区、潼南区科学技术局，四川省绵阳市、德阳市、广元市、南充市、遂宁市、阿坝藏族羌族自治州科学技术局共同主办"创新金三角·智汇科技城"——川渝科技成果对接会。活动重点邀请川渝地区科研院所、高校及科技型企业，通过成果路演及技术需求发布的形式，实现成渝绵创新金三角及涪江流域各地企业间的信息共享和资源互通，促进科技成果转移转化，助推成渝地区双城经济圈技术交易市场一体化建设。2023年第三届重庆四川技术转移转化大会举行。本次会议主题是"打造科创高地、赋能产业发展"。中国工程院李仲平院士、潘复生院士、谢建新院士、吴锋院士、官声凯院士、蒋建新院士出席会议。会议围绕数智科技、新材料等领域，面向近百家参会企业推广133项川渝科创成果、636项发明专利和222项川渝标准，4项川渝产学研合作项目签约，线上线下累计参加人员超8万人次。

【共同促进金融一体化发展】 四川省科学技术厅、重庆市科学技术局会同两地金融管理部门，联合制定《川渝科技金融一体化发展行动方案》，合力实施科技创新股权投资倍增行动、科技企业直接融资扩容行动、科技信贷融资体系优化行动、科技金融服务能力提升行动、科技金融战略研究前瞻行动等五大行动，深化两地协同创新，聚力推动两地创新链产业链资金链深度融合。同时，两地共同组建西部科创投资联盟，建立常态化联络对接合作机制，共建基金、共投项目，推动重大科技成果在西部转移转化。西部科创投资联盟揭牌仪式在第十一届中国（绵阳）科技城国际科技博览会天府科技金融投融资峰会上举行。

【牢固川渝科普合作平台】 2023年，首届川渝科普大会召开，会上发布了2023年度川渝优秀科普作品暨四川科普基地地图。川渝科普工作协同联合和资源共建加强，川渝科普形成双核主体驱动态势。2023年12月，第三届成渝地区科普创新发展论坛召开，论坛以"数字赋能科普　成渝加'数'前行"为主题。科技部、重庆市科学技术局、四川省科学技术厅、成都市科学技术局相关领导出席论坛，中国科协科普部、战略发展部原部长杨文志，中国科学院科学传播研究中心副主任、研究员邱成利，北京工业大学元宇宙云图智能研究院副院长高泽龙等专家学者聚焦数字化科普建设发表专题报告。论坛上，举行了成渝科普基地战略合作、馆校合作协议签署仪式，发布了2023年"成渝共建科普基地""成渝优秀科普使者""成渝优秀科普作品"等名单。同时，专家学者围绕数字赋能科普、人工智能等领域进行了主旨演讲，掀起一场科普发展"未来对话"。

【共建高校特色学科】　川渝两地积极推进环电子科技大学—重庆邮电大学电子信息产业圈建设，支持电子科技大学与重庆邮电大学聚焦电子信息类学科开展学科共建，为成渝两地创新驱动发展战略赋能。支持四川大学、成都中医药大学、重庆医科大学、陆军军医大学等高校聚焦医学类学科进行合作共建，助推西部医学中心建设。推进成渝地区双城经济圈高校法治联盟建设，支持西南政法大学、重庆大学法学院、四川大学法学院、西南财经大学法学院按照"一校三院"的模式聚焦法学学科开展学科共建，共创西部法学高地。

【协同开展知识产权活动】　重庆知识产权运营中心与成都知识产权交易中心签署《共建成渝知识产权交易市场框架协议》，两中心互相推介可运营知识产权2000余条。重庆知识产权运营中心与四川知识产权运营中心共建川渝高价值知识产权发布机制。川渝高校知识产权信息服务合作有序推进，重庆大学知识产权信息服务中心举办的2023年川渝大学生信息素养大赛被纳入重庆市教委、四川省教育厅省级大学生竞赛项目。2023年4月，川渝两地知识产权局和高级人民法院联合召开知识产权保护新闻发布会，四部门首次联合发布川渝知识产权司法保护与行政保护典型案例，有效促进了知识产权保护领域的川渝"同城融合""同城共享""同城标准"。重庆市知识产权局和四川省市场监管局共同发布第三批川渝知识产权合作重点保护名录，新增重点商标品牌60件。重庆市知识产权局和四川省市场监管局联合开展2023年度"川渝制造"知识产权联合执法专项行动，在发现线索、证据移送、信息共享、委托调查、协同执法等方面开展跨区域知识产权联合执法。两地共立案查办违法案件678件，案值约2256万元，罚款金额约1206万元，向公安机关移送案件49件。

（来源：四川省科学技术厅、重庆市科学技术局）

成渝科技创新

重庆市

【创新概况】 2023 年，重庆市科技系统深入贯彻党的二十大精神和习近平总书记对重庆的重要指示批示精神，全面落实市委六届二次、三次、四次全会部署要求，紧紧围绕市委"一号工程"部署要求，加快实施科技创新和人才强市首位战略，聚焦构建"416"科技创新布局，着力推动具有全国影响力的科技创新中心建设取得明显成效。获得 2023 年度国家科学技术奖励 6 项，全市科技进步贡献率达 61.5%。每万人口高价值发明专利拥有量达 7.15 件，同比增长 30.5%。2023 年，重庆市在全球创新指数创新集群百强榜上的排名较上年提升 5 位至第 44 位（《2023 年全球创新指数报告》）；"2023 自然指数—科研城市"排名较上年提升 16 位至第 36 位。重庆都市圈研发人员达 20.94 万人，研发经费投入达 706.07 亿元，分别占成渝地区双城经济圈的 36.0%、34.2%。

【科技体制】 深化科技体制改革实现新突破。重庆市人民政府办公厅印发《重庆市提升科技服务能力推动科技服务业高质量发展三年行动计划（2023—2025 年）》。市委深改委听取科技体制改革汇报 4 次，市经济体制改革工作组印发《成渝地区双城经济圈优质科创资源共用共享改革方案》，"构建科技成果从'实验室'到'大市场'衔接机制""深化市属公益科研机构改革"等"三个一批"重大改革加快推进。在科技人才队伍建设上，实施高水平科技人才集聚行动，实施《重庆市完善科技激励机制的若干举措》，持续开展减负专项行动，优化科技人才发展环境。对于全年相关改革经验，在全国性会议上交流 3 次，国家层面表扬推广 1 次，国家部委工作简报刊载 3 次，权威央媒宣传报道 2 次，全年制定重大科研项目管理、技术创新中心建设等科技政策文件 12 个，改革制度基础扎实。

【创新投入】 2023 年，重庆市 R&D 经费内部支出 746.70 亿元，R&D 经费投入强度为 2.48%。企业研发经费支出 602.7 亿元，占全市研发经费的比例达 80.7%，对全市研发经费增长的贡献率达 89.3%，其中，全市规上工业企业研发经费支出 499.9 亿元，投入强度达 1.82%。

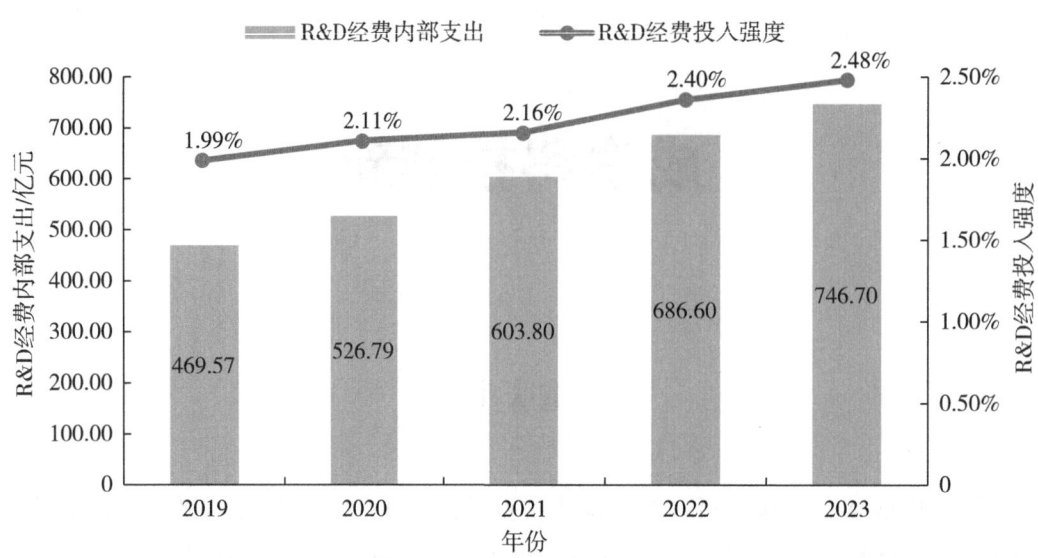

重庆市 2019—2023 年 R&D 经费内部支出及 R&D 经费投入强度

【创新评价】 建立高分"创新报表"工作评价体系，聚焦改革发展急需的重点领域核心业务，精选关键科技指标，将高新技术企业、科技型企业"双倍增"行动等重点任务调度纳入"创新报表"，按照"416"科技创新布局结构优化行业领域，将科研项目、科技人才、科技平台、科技成果、科技金融等创新资源及企业、高等院校、科研院所等创新主体融合在一起，形成了四大类 13 个考核评价体系，不断强化评价的"指挥棒"作用，切实把"创新报表"转化为"创新成效"，以数字赋能加快具有全国影响力的科技创新中心建设。

【战略力量】 西部（重庆）科学城加快建设金凤实验室，建成国家级孵化平台 13 个，累计引育市级以上创新平台 330 个，科研人员规模突破 400 人；金凤科创园开园投用，集聚科技服务机构 30 个。两江协同创新区加快筹建明月湖实验室，开工建设"中国复眼"二期，累计引进新型研发机构 50 个。广阳湾智创生态城高标准打造迎龙创新港，入驻重庆脑与智能科学中心、重庆生态环境科技创新基地等创新平台。

【创新平台】 国家健康战略资源中心（筹）揭牌启动，北京大学重庆碳基集成电路研究院落地建设，国家生猪技术创新中心、国家硅基混合集成创新中心取得阶段性成果。全国重点实验室全部重组成功，以合作共建方式新增全国重点实验室 2 个、国防科技重点实验室 1 个，国家级基地平台累计达 105 家。整合清理市级技术创新中心 24 个，新认定市级技术创新中心 18 个。丰都、石柱入选第二批全国创新型县。武隆、梁平国家农业科技园区通过验收。

【创新主体】 2023 年，重庆市科技型中小企业备案入库 2284 家，有效国家高新技术企业达 7565 家。2023 年，新认定专精特新中小企业 1366 家、有效国家专精特新"小巨人"企业 286 家。科创板上市企业 3 家，独角兽企业 7 家，瞪羚企业 147 家。

【创新人才】 联动实施新重庆引才计划，吸引来自 18 个国家（地区）的 403 人申报，完成首批人才论证工作。着力实施新重庆引才计划科技创新基地专项，形成专项实施方案和首批推荐人选。

获批开展全国首批外籍"高精尖缺"人才认定标准试点，成功入选海外引才储备项目试点省市。新增中国工程院院士2名、国家级科技人才32名，研发人员总量超过24万人。

【基础研究】 基础研究原创成果不断涌现。获批国家基础研究科研项目1052项，直接经费6.56亿元。首次与重庆长安汽车股份有限公司、中国星网网络应用有限公司等重点企业探索设立市自然科学基金创新发展联合基金，组织实施市级自然科学基金项目1655项，全市以第一作者或通信作者身份发表SCI收录论文18 979篇，在NCS三大国际顶级期刊发表正刊1篇、子刊119篇。

【技术攻关】 组织实施人工智能等5项重大专项和新能源等8项重点专项，设立项目137项，布局解决关键技术问题311项、"卡脖子"技术问题60项，总投入39.80亿元，其中财政投入6.36亿元，带动社会投入33.44亿元。超级智能汽车平台、18兆瓦集成海上风电机组、尼龙66全产业链制备技术、燃煤燃机全流程碳捕集装备、镁合金一体化超大压铸件等一批重大关键核心技术攻关和成果产业化实现突破。

【成果转化】 着力建设国家科技成果转移转化示范区。示范区以重庆国家自主创新示范区、国家高新技术产业开发区等为建设主体，按照"一核多园"的空间布局，从打造科技成果转化体制机制改革"先行区"、打造科技成果转化服务体系"样板区"、打造科技成果区域协同转化"集聚区"、打造科技成果赋能产业高质量发展"引领区"4个方面，优化科技成果源头供给，提升科技成果中试熟化水平，加速产业迭代升级，助力重庆由"制造重镇"迈向"智造重镇""智慧名城"。着力提升重庆高新技术产业研究院功能，加快打造金凤科创园，大力建设科技企业孵化器，提质发展"6+N"环大学创新生态圈，制定实施高校科技成果转化与产业化若干措施，深入开展科技成果赋权改革，赋权转化科技成果391项。常态化举办科技成果进区县等活动，新培育技术经纪人1133人，技术合同成交额达865.1亿元，同比增长37.2%。

【科技奖励】 获得国家科学技术奖励6项，分别是国家自然科学奖二等奖1项、国家科学技术进步奖二等奖5项。2023年，重庆市科学技术奖励共评选出科技突出贡献奖2人、国际科技合作奖2人，10家企业获得企业技术创新奖，98项成果分别获得自然科学奖、技术发明奖、科技进步奖。

【科技金融】 深入推进知识价值信用贷款改革试点，累计为11 943家（次）企业发放知识价值信用贷款207.21亿元，引导发放商业贷款141.48亿元。强化科创板上市服务，西山科技、智翔金泰发行上市，科创板上市企业达到3家。

【开放合作】 持续推动与新加坡、匈牙利签订的科技战略合作协议落地实施，组织中新企业对接15场、中匈技术转移对接6场，组团出访新加坡，与新加坡国立大学、新加坡南洋理工大学达成合作意向，新加坡国立大学重庆研究院、新加坡国立大学与重庆长安汽车股份有限公司三方共建"新技术实验室"项目成功签约。积极拓展民间外交，成功举办明月湖·π全球创新大会等重要会议活动，指导西南大学召开"一带一路"国际马铃薯产业发展合作论坛暨长江上游马铃薯种质创新与利用研讨会。积极组织重庆大学、重庆邮电大学、重庆金康赛力斯汽车有限公司等单位申报科技部国际合作项目44项，获批科技部政府间国际科技创新合作重点专项7项，项目经费达2400万元，创历年新高。组织推荐"一带一路"联合实验室，围绕拓展"一带一路"合作新领域，评审、推荐符合条件的实验室创建国家级国际科技交流合作平台。2023年5月，在渝港高层会晤暨渝港合作会议第一次会议上，与香港创新科技署签署了《渝港创新及科技合作备忘录》，与香港特别行政区政府创新科技及工业局就深化落实备忘录达成建立常态化沟通机制、建立和完善技术转移机构、联合实施科研项目、加强双方学术交流、建立青年科学家互访交流机制、积极参与首届"一带一路"科技交流大会等6个方面的合作事项。

【科技民生】 组织实施现代种业、农产品精深加工、生猪技术、乡村振兴等重点专项项目156项，安排财政经费1.4亿元。选派337名国家"三区"科技人才、2470名科技特派员，深入农村开展科技服务。组织实施AI+诊疗、生态环境、公共安全等关键技术研究与应用项目56项，安排财政经费8000万元。取得国内首个燃煤燃机全流程CCUS装备、"天目一号"气象星座、急性脑卒中治疗研究等重大突破。

【科普工作】 加快数字科普应用建设，推动西部科普中心建设，新认定全国科普教育基地35个。成功举办第三届成渝地区科普创新发展论坛，举办"科技列车渝东南行"等各类科普活动600余项，直接受众超200万人次。

【重庆高新区】 2023年，重庆高新区牢牢把握高质量发展这个首要任务，突出稳进增效、除险清患、改革求变、惠民有感工作导向，全力拼经济、稳增长、防风险、惠民生，现代化新重庆建设的西部科学城重庆高新区新征程实现良好开局。2023年，全年实现地区生产总值764.43亿元，人均地区生产总值达119 667元，比上年增长7.6%。民营经济增加值达307.23亿元，比上年增长2.3%，占全区经济总量的40.2%。一般公共预算收入为31.94亿元，工业增加值为230.73亿元，比上年增长0.7%，规模以上工业增加值比上年增长0.2%。科技方面，全区市级以上科研机构有341个。其中，市级企业技术中心54个，市级工程技术研究中心57个，市级重点实验室88个。全国重点实验室6个，国家企业技术中心3个。有效期内高新技术企业402家，市级科技型企业2515家。

（来源：重庆市科学技术局、重庆生产力促进中心）

四川省

【创新概况】 2023年，四川省科技系统按照省委、省政府决策部署，深入实施创新驱动发展战略，一体推进科技创新和科技成果转化，着力打造西部地区创新高地。四川省新增全国重点实验室2个，国家级创新平台累计144个。新增高新技术企业2320家、有效高新技术企业1.7万家，同比增长16.1%；科技型中小企业备案入库2.1万家，同比增长12.4%；高新技术产业实现营业收入2.8万亿元，同比增长4.5%；规上科技信息服务业实现营业收入5351.2亿元，同比增长11.3%；技术合同成交额达1951.6亿元，同比增长18.3%；每万人口高价值发明专利拥有量达6.78件，同比增长34.0%；获得2023年度国家科学技术奖励29项。四川省综合科技创新水平指数居全国第12位(《中国区域科技创新评价报告2023》)。

【科技党建】 四川在推进科技创新和科技成果转化上同时发力，21个市（州）、161个县（市、区）成立科技创新综合党委，深入实施"两个覆盖提质增效"等五大品牌行动。打造"亮党员身份　当科技先锋"党建品牌，启动"两风两政"党的建设专项督查，开展"一季度一主题"警示教育。

【科技体制】 出台《关于建设高水平创新联合体　构建原创性引领性科技攻关机制改革的实施方案》等4个重大改革文件，基本完成12项科技体制改革攻坚任务中的5项，有序推进8项全面创新改革揭榜任务。出台省级科技计划项目立项、中期评估等9个配套细则。科研经费"包干制2.0"试点扩大到17家单位、6类项目。完善科技伦理治理机制，开展科技伦理审查示范。出台科研失信行为调查处理办法。"探索科技金融融合新路径　破解科技型企业融资难题"入选四川省委改革办发布的"2023年度四川改革"典型案例。中央改革办《改革情况交流》专题刊发四川科技体制改革经验做法。

2023年，四川省R&D经费内部支出1357.8亿元，R&D经费投入强度为2.26%，其中全省基础研究经费为88.4亿元，比上年增长23.1%，经费占比较上年提高0.6个百分点。企业研发经费支出795.6亿元，占全省研发经费的比例达58.6%，对全省研发经费增长的贡献率达44.1%。

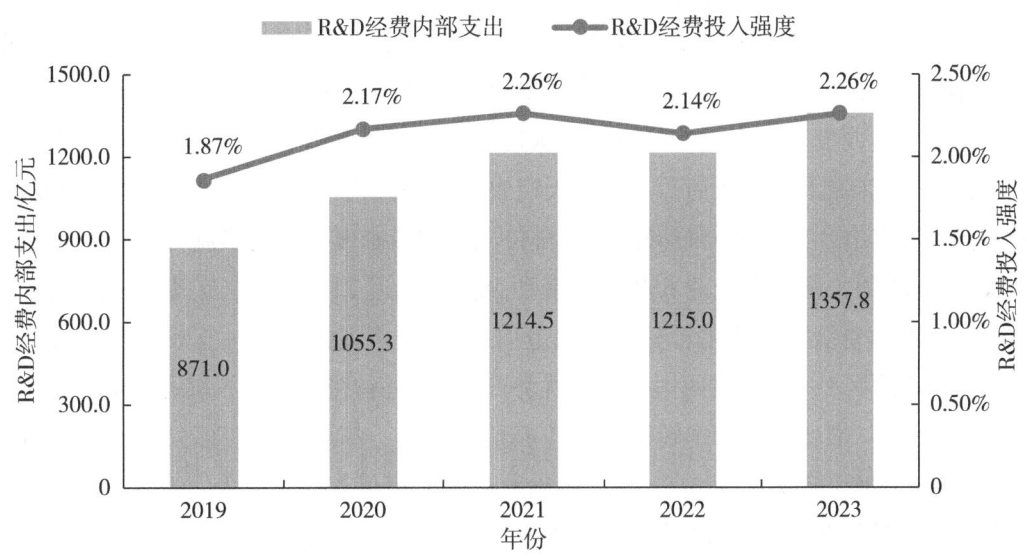

四川省2019—2023年R&D经费内部支出及R&D经费投入强度

【创新平台】 西部首个国家实验室开工建设并封顶。天府兴隆湖、永兴、绛溪、锦城4个首批天府实验室实现实体化运行。优化重组全国重点实验室13个，新获批全国重点实验室2个。优化重整省重点实验室30个，新建省重点实验室2个。世界最深、最大的中国锦屏地下实验室二期投入科学运行，高海拔宇宙线观测站发布迄今最亮伽马射线暴，新一代"人造太阳"面向全球开放。国家川藏铁路技术创新中心建成投用，国家高端航空装备技术创新中心揭牌运行。国家超级计算成都中心加快建设，成立川渝首个跨区域的万达开技术创新中心，组建四川省先进微处理器技术创新中心，国省级工程技术研究中心总数达415个。新建国家企业技术中心5个、省级企业技术中心169个、省级工程技术研究中心24个、省级工程研究中心（实验室）33个，备案省级新型研发机构27个。

【创新主体】 2023年，四川省科技型中小企业备案入库21 003家，有效国家高新技术企业17 024家，四川省科技创新领军企业50家。2023年新认定省级专精特新中小企业1103家。科创板上市企业20家，瞪羚企业264家。

【创新人才】 制定《四川省加强青年科技人才培养和使用"萃青工程"实施方案（2023—2030）》《四川省优秀青年科技人才"顶青"专项实施方案》等多项方案。召开青年科技人才座谈会暨科技人才评价改革综合试点工作推进会，推进改革试点工作。新增两院院士5人，目前共有在川工作两院院士67人（68人次）。向科技部推荐引进人才5人，国家"高层次人才特殊支持计划"科技创新领军人才67人、科技创业领军人才21人、青年拔尖人才35人，"博士后海外引才专项"3人。四川省科学技术厅联合6个部门制定《关于进一步加强外籍紧缺人才引进的若干措施》，推动全省急需紧缺人才引进。开展外籍高层次人才分类认定工作，首批认定154人。

【基础研究】 制定基础研究十年行动计划方案，谋划建设基础研究特区、基础学科研究中心和领衔科学家工作室。高水平运行四川省自然科学基金，支持项目超2000项。争取国家财政科技项目获批立项2018项、资金14亿元，国家自然科学基金区域创新发展联合基金项目获批34项、经费1.02亿元。

【技术攻关】 编制形成四川省六大优势产业创新图谱，实施重大科技专项5项、省级重大科技专项3项，国内首台自主创新产品F级50兆瓦重型燃气轮机成功商用，国内发电装备行业首个5G全连接数字化工厂建成投运，实现芯片封装载板用马来酰亚胺树脂国产化。育成国/省审（认）定新品种273个，"天府黑猪""天府黑兔""天府农华麻羽肉鸭"等新品种及配套系通过国家审定。

【成果转化】 制定出台《关于全面深化职务科技成果权属制度改革的实施方案》。完成职务科技成果分割确权2084项，新创办企业558家，带动企业投资近210亿元。支持成德绵国家科技成果转移转化示范区承担省级科技成果转移转化示范项目69项，支持省级科技成果转移转化示范区打造各具特色的产业园区18个。围绕四川省六大优势产业，支持省级科技成果转移转化示范项目98项，创新产品项目79项。推动国家技术转移西南中心建设工作，搭建技术转移公共服务平台，汇聚科技成果及技术需求5800项以上。

【科技奖励】 组织开展《四川省科学技术奖励办法》《四川省科学技术奖励办法实施细则》的修订工作，优化完善四川省科学技术奖评价指标。2人获科学技术杰出贡献奖，5人获杰出青年科学技术创新奖，4人获国际科学技术合作奖，264项成果分别获得自然科学奖、技术发明奖、科技进步奖。5人获2023年度"天府友谊奖"，2人获何梁何利基金科学与技术进步奖。

【科技金融】 遴选10个机构建设四川省科技金融创新基地，鼓励有关单位深化科技金融改革试点。"天府科创贷"新投入科技财政资金1亿元，建成总规模3.4亿元的风险补偿资金池。截至2023年底，"天府科创贷"累计向1800余家科技型企业提供贷款支持超120亿元，为461家企业提供融资成本补助2895.69万元。推动院士基金投资项目24项，投资金额超过4亿元，1家企业挂牌新三板。

【开放合作】 建成全球最大红肉猕猴桃种质库，自主培育品种在意大利、智利、南非等14个国家广泛种植。依托中国-克罗地亚生物多样性与生态系统服务"一带一路"联合实验室开展系列联合研究，联合发起成立世界钙华自然遗产研究与保护联盟（WAT），召开首届中国-克罗地亚生物多样性保护与利用科技合作对话会议。推动电子科技大学与古巴共建神经技术与脑器交互"一带一路"联合实验室，积极推动四川大学、西南交通大学、天齐锂业股份有限公司、中国科学院成都山地灾害与环境研究所和埃及、印度尼西亚、智利、巴基斯坦等国共建联合实验室。新认定省级国际科技合作基地9个，组建国际山地农业科技创新联盟、中巴地球科学研究中心等国际科技联盟组织。积极参与实施"国际热核聚变实验堆（ITER）""深时数字地球（DDE）"等国际大科学计划，新一代人造太阳"中国环流三号"刷新运行纪录并面向全球开放，DDE西南节点加快建设。中国东方电气集团东方锅炉股份有限公司参与实施的中欧污染物减排技术研究项目成功入选2023年中欧绿色低碳发展合作十大典型案例。

【科技民生】 制定《四川省临床医学研究中心高质量发展三年行动方案》，新建省级临床医学研究中心24个，形成覆盖21个市（州）的临床医学研究中心协同创新网络。制定首个由中国内地学者牵头完成的国际主流降胆固醇药物治疗的循证临床实践指南。自主研发生产的第四代"静注人免疫球蛋白（pH4）"获批上市，重组三价新冠病毒三聚体蛋白疫苗成为全球首个获批纳入紧急使用的针对XBB等新冠病毒变异株的疫苗，6款产品获医疗器械注册证，3家企业荣登2023年中国创新医疗器械榜。启动实施中医药创新工程，2项中药成果成功实现技术转让，3项中医药国际标准获得立项。启动实施科技兴警三年行动计划。会同省公安厅制定实施《科技兴警三年行动计划实施方案（2023—2025年）》。联合印发《促进科技和文化深度融合实施方案》，聚焦科技支撑文化保护。

【科普工作】 印发《关于大力加强科普能力建设 夯实创新发展基础的意见》，完善科普政策体系和运行机制。制定《关于加强高水平科普人才队伍建设的实施方案（2023—2025年）》，开展首批"天府科普使者"认定工作。组织召开2023年度四川省科普工作联席会议。组织开展涉藏地区特色科普基地申报备案工作，首批备案61个特色科普基地。承办国家"科普援藏"工作座谈会，举办2023年全国优秀科普展品巡展暨流动科技馆进涉藏地区活动，四川省科普赋能涉藏地区活动被中宣部等评为2022年全国文化科技卫生"三下乡"活动示范项目。举办科技活动周、科普活动月活动，组织科普作品、微视频评选和科普讲解大赛。

【高新区】 出台省级高新技术产业园区认定和管理办法，支持高新区狠抓招商引资、招院引所、招才引智，持续推进科技服务业集聚区建设。全省高新区实现地区生产总值1.1万亿元，同比增长7%。

（来源：四川省科学技术厅、四川省科学技术发展战略研究院）

成都市

【创新概况】 2023年，成都市科技系统着力在科技创新和科技成果转化上同时发力，厚植技术创新、要素集聚、平台溢出、成果转化四大优势，加快建设具有全国影响力的科技创新中心，打造带动全国高质量发展的重要增长极和新的动力源，形成服务战略大后方建设的创新策源地。成都市新增国家级科技创新平台7个，总数达146个。全年国家高新技术企业达1.3万家，同比增长14.2%；科技型中小企业备案入库8589家；高新技术产业营业收入达1.44万亿元，同比增长3.4%；

技术合同成交额达1614.2亿元，同比增长10.8%；每万人口高价值发明专利拥有量达20.52件，同比增长33.4%；获得2023年度国家科学技术奖励24项。成都市在全球创新指数创新集群百强榜上的排名升至第24位（《2023年全球创新指数报告》）。"2023自然指数—科研城市"排名较上年提升6位至第24位。成都都市圈研发人员达24.21万人，研发经费投入905.83亿元，分别占成渝地区双城经济圈的41.6%、43.9%。

【科技党建】 修订《成都市科研失信行为记录暂行规定》，严肃查处科研失信行为，营造风清气正的科研环境。创新开展科技领域"两新"组织党建工作。推动19个县（市、区）建立科技创新综合党委，加快建设科技创新平台、新型研发机构、孵化器和科技型企业"3+N"党建阵地，将2000余家单位党建工作纳入"两新"组织管理，开展"蓉城科创'两新'党建'四个一'"等20余项党建任务。举办"蓉城先锋·对话书记——清廉科创清风行、科创服务火热季"活动，深入"两新"组织开展学习宣讲、调研座谈60余场。科技领域30余家"两新"组织和40余名党员受全省2023年"两优一先"表彰。

【科技体制】 深入开展科技体制机制改革。印发实施《成都市推进科技创新和科技成果转化同时发力的实施方案》，围绕强化企业创新主体地位、激发人才创新活力等7个方面，实施新型科研设计用地、职务科技成果单列管理等28项重点改革任务。出台《成都市科技成果第三方评价机构备案管理办法（暂行）（送审稿）》，开展科技人才评价改革、科技成果评价等改革试点。深化财政科技资金管理改革，制定《成都市财政科研项目经费"包干+负面清单"制管理办法》。

【创新投入】 2023年，成都市R&D经费内部支出824.10亿元，R&D经费投入强度为3.73%。企业研发经费支出440.42亿元，占全市研发经费的比例达53.4%，对全市研发经费增长的贡献率达40.8%。

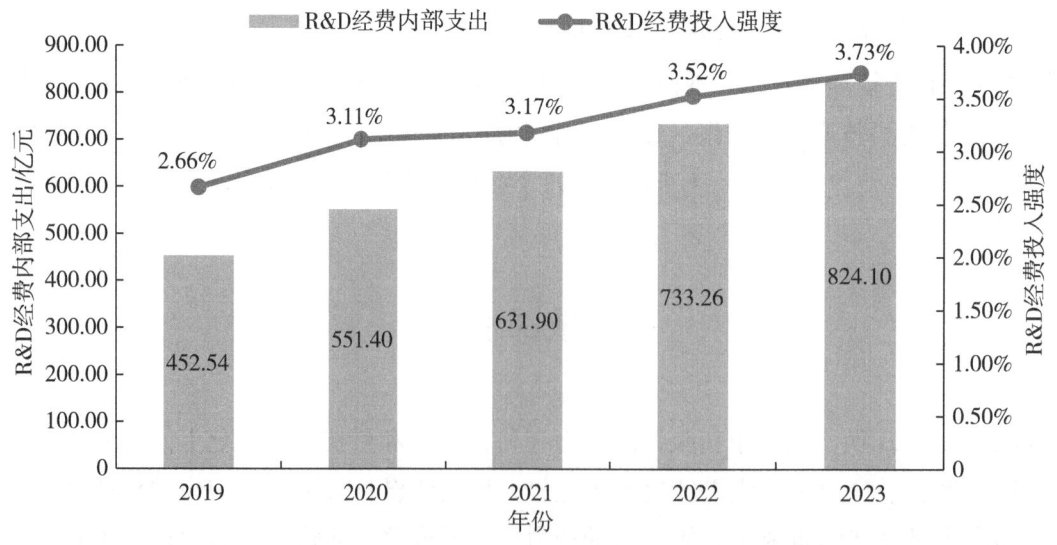

成都市2019—2023年R&D经费内部支出及R&D经费投入强度

【战略力量】 2023年,中国地震科学实验场等5个国家级和省级重大科技基础设施启动建设,跨尺度矢量光场主体项目获国家发展改革委批复建设。6个在蓉国家重点实验室成功重组为全国重点实验室,并新增组建1个全国重点实验室。国家实验室园区工程开工并加快建设,过渡办公载体交付投用,180余名科研和管理人员入驻。首批4个方向的天府实验室加快实体化运行,累计建成物理载体约46.05万平方米,搭建科研平台50个,引聚科研和管理人才993人,其中院士17人,开展"卡脖子"项目攻关79项,组建平台公司4家、成果转化基金2支,智能感知系统、智慧通信等领域27项成果进入中试和落地转化阶段。

【创新平台】 国家川藏铁路技术创新中心建成智能建造实验室等10个研发平台,汇聚创新人才1500余人,承接国家重大科技项目20项。精准医学、超高清视频、生物靶向药物等领域的国家级创新平台建设持续推进。成都智算中心、国家超级计算成都中心获批建设首批国家新一代人工智能公共算力开放创新平台,四川省脑科学与类脑智能研究院建立国内首个数字孪生脑模型平台。

【创新主体】 2023年,成都市科技型中小企业备案入库8589家;有效国家高新技术企业达1.3万家,较上年净增1636家;推荐四川省科技创新领军企业28家。2023年,新认定省级专精特新中小企业675家,拥有国家专精特新"小巨人"企业286家。科创板上市企业17家;独角兽企业10家,位居副省级城市第四;瞪羚企业130家。

【创新人才】 制定出台《成都市外国专家项目资助管理办法》《成都市引才引智示范基地管理办法》,新建市级引才引智示范基地10个。成都市入选人力资源社会保障部"魅力中国—外籍人才眼中最具吸引力的中国城市"榜单前10名。成都大学获批科技部、教育部"高等学校学科创新引智基地"。

【技术攻关】 采取"揭榜挂帅""赛马"和组建创新联合体等方式实施100余项关键核心技术攻关项目。29家在蓉企业和机构在大健康、航空航天等领域获批承担国家重大科技项目46项。电子信息领域:电科星拓的"时钟芯片"性能超越国内外竞品并填补国产空白,玖锦科技的"高速数字示波器"等核心产品成功研发并实现量产,海光信息的"X86 CPU芯片"占据国产CPU市场份额的50%;数字经济领域:东方电气集团科学技术研究院的"数字工业操作系统"获批成都市首个国家级"双跨"工业互联网平台;装备制造领域:"玲珑一号""华龙一号"核反应堆核心部件、C919大飞机客舱核心控制系统、270 kW车用氢燃料电池单机系统、吨位级四发无人机等重大科技成果涌现,翼龙系列察打一体无人机市场占有率排全球第二;医疗健康领域:新增Ⅰ类新药临床批件34个、新获批Ⅲ类医疗器械注册证5个,海创药业在癌症和代谢性疾病领域研发的新药达到国际水平,齐碳科技在全国首发中通量纳米孔测序平台,瀚辰光翼、万众一芯等3家企业荣登2023年中国创新医疗器械榜;未来产业及前沿交叉技术领域:布局实施量子信息、类脑智能、新型储能、细胞治疗、合成生物等方向50余项项目。新一代量子计算测控系统等项目获全国颠覆性技术创新大赛最高奖。

【成果转化】 成都市委办公厅、市政府办公厅印发《成都市进一步有力有效推动科技成果转化的若干政策措施》,落地实施支持中试平台建设等10个方面28条政策措施。建立全市重大科技成果转化联席会议制度，组建18支驻校（院）经纪人队伍，推动四川大学"认知神经网络模型"等10项国家重大科技项目成果在蓉转化，开展"植物工厂中试基地示范场景建设"等45项成果转化应用示范，支持252家科技企业购买转化"列车智能巡检机器人系统研究与应用"等国内外高校院所科技成果329项。建成电子科技大学国际创新中心成果转化应用平台，天府国际技术转移中心建成投运，成都科创生态岛1号馆建成试运行，先进技术成果西部转化中心揭牌建设。举办"校企双进""菁蓉汇"等系列活动，对接企业及高校院所科研团队超5000个（次），发布科技成果超4000项。年内引进北京大学成都前沿交叉生物技术研究院等高能级创新平台113个、汤超院士等顶尖创新团队119个。2023年，拥有国家级科技企业孵化器24家、备案众创空间48个、大学科技园4个，省级科技企业孵化器、备案众创空间105家；各类双创载体孵化器面积达880万平方米。

【科技奖励】 2023年度国家科学技术奖在北京市揭晓，由在蓉科研团队、科学家牵头和参与的共计22项项目获奖。在公开的项目名单中，获得2023年度国家自然科学奖二等奖1项；获得2023年度国家技术发明奖5项，其中一等奖1项，二等奖4项；获得2023年度国家科学技术进步奖12项，其中特等奖1项，一等奖1项，二等奖10项。获奖总数位居副省级城市第七。

【科技金融】 出台《成都市"企业创新积分制"工作实施方案（试行）》，制定企业创新积分指标和量化模型，创设"积分贷"，推动"积分变信用、积分变价值"。通过"人才贷""成果贷""研发贷"等系列产品帮助1691家科技型中小企业获得银行信用贷款86.82亿元，运用"科创贴"帮助1226家企业降低股权、债权融资成本8257.62万元。设立20亿元成都天使投资母基金，聚焦"投新、投早、投小、投硬"，对国有创投企业探索实施全周期、整体性考核，建立容错免责机制。成都科技天使投资子基金、知识产权运营子基金规模增至49.42亿元，全年新增投资项目30项、投资金额3.48亿元。推动成都科创投集团和四川天府新区科技创业投资有限公司共建成德眉资同城化科创母基金，该基金已累计完成投资项目7项，投资金额达3.05亿元。在电子信息、数字经济等重点领域发生科创投融资367起，较2022年增长35.4%。

【开放合作】 会同重庆市成功举办首届"一带一路"科技交流大会。设立成渝科技创新合作专项，支持成都川哈工机器人及智能装备产业技术研究院有限公司、四川久远银海软件股份有限公司等两地科研机构和企业开展联合攻关项目17项。在乐山、泸州、内江等成渝中线城市挖掘技术创新需求270余项，促成跨区域科技合作项目12项。推动天府大道科创走廊建设，在成德眉资同城化区域试点"科创券"互认互通，"科创通"分平台实现成都都市圈全覆盖。聚焦电子信息、绿色低碳等产业生态圈，与芬兰、韩国、泰国、乌兹别克斯坦等国的相关部门联合举办国际科技创新合作交流活动，实施"绿色量子点太阳能聚光器"等国际科技合作项目61项。

【科技民生】 开展"科技大运"专项行动，为大运会场馆建设、绿色出行、赛事保障等提供30余项场景机会，带动170余项（个）技术、产品就地转化应用。按照"一县一团"方式组建20个科技特派团，安排209名农业专家深入农村开展技术咨询、指导服务500余场次，培训超10 000人次，建立示范基地5000余亩。

【科普工作】 2023年，成都市拥有国家级科普基地19个、省级科普基地92个、市级科普基地194个。

成功举办成都市科普创新能力提升培训班、科技活动周、科普讲解大赛、成渝地区科普创新发展论坛等活动。严格校外科技类培训机构新办审批和日常监管。

【成都高新区】 2023年，成都高新区聚焦高质量发展、高品质生活、高效能治理，实施"十大突破"行动，全区经济社会发展动能更加强劲、活力更加澎湃，实现地区生产总值3201.2亿元，同比增长6.0%；一般公共预算收入完成300.5亿元，同比增长13.3%；实现规上工业总产值5574.5亿元，规上工业增加值同比增长2.3%；实现外贸进出口总额4646.4亿元，成都高新综合保税区发展绩效连续4年排名全国同类第1位。在推进科技创新和科技成果转化上同时发力，新质生产力逐渐积厚成势。新增国家级平台5个、聚集国际顶尖PI领衔的实验室8个；实施中试跨越行动计划，在全国率先提出打造专业化的中试首选地，首创"中试+"生态理念，34个中试平台累计服务中试项目756项，助力融资超18亿元；"岷山行动"稳步推进，累计孵化华西医疗机器人研究院、微电子先进封测技术研究院等项目15项，形成技术突破14项；新增国家级孵化载体2家，在孵企业首次突破2万家。高企培育工作再创新高，全年共有1856家企业申报高企认定。新增独角兽企业1家，累计8家；新增瞪羚企业380家，总数首次破千家；新增种子期雏鹰企业402家，总数突破1115家。成都高新区组建产业基金30支，总规模达738亿元，天使基金、科技信贷产品规模突破"双百亿元"，天使母基金排名首次进入全国前三。"金熊猫"科技企业创新积分评价系统进一步优化，高新区管委会获火炬中心表彰为"企业创新积分制"优秀工作单位。

（来源：成都市科学技术局、成都市科学技术信息研究所）

科技创新中心重大项目

2023年，成渝地区双城经济圈共纳入标志性重大项目248项，计划投资3395.3亿元，包括合力建设现代基础设施网络、协同建设现代产业体系、共建科技创新中心、共建巴蜀文化旅游走廊、生态屏障建设、对外开放、公共服务共七大重点共建任务。其中，合力建设现代基础设施网络项目有90项，年度计划投资2200.9亿元；协同建设现代产业体系项目有81项，年度计划投资804.5亿元；共建科技创新中心项目有27项，年度计划投资120.3亿元；共建巴蜀文化旅游走廊项目有21项，年度计划投资114.1亿元；生态屏障建设项目有13项，年度计划投资37亿元；对外开放项目有6项，年度计划投资21.4亿元；公共服务项目有10项，年度计划投资97.1亿元。

科技创新中心重大项目

序号	项目名称	项目地址
1	重庆脑与智能科学中心	重庆南岸区
2	超瞬态实验装置项目	重庆高新区
3	电磁驱动大科学装置及地方配套项目	四川天府新区
4	极深地下极低辐射本底前沿物理实验设施	四川凉山州
5	长江上游种质创制科学设施	重庆高新区、北碚区
6	华为·成都智算中心项目（一期）	四川成都高新区、郫都区
7	非常规油气开发国家重点实验室创建	重庆高新区
8	觉醒睡眠与认知全国重点实验室创建	重庆南岸区
9	山地城镇建设安全与智能化全国重点实验室创建	重庆沙坪坝区
10	金凤实验室	重庆高新区
11	川渝高竹新区科技创新基地项目	重庆渝北区、四川广安市
12	精密机械检测技术与装备工程研究中心	重庆高新区、巴南区
13	国家应用数学中心	重庆高新区
14	国家川藏铁路技术创新中心项目	四川天府新区

续表

序号	项目名称	项目地址
15	绿色智能环保技术与装备技术创新中心创建	重庆南岸区
16	重庆国际生物城创新中心工程	重庆巴南区
17	南川现代智慧科技产业园	重庆南川区
18	绵阳科技城新区直管区一期基础设施项目	四川绵阳市
19	科学会堂	重庆高新区
20	协同创新区五期创新空间	重庆两江新区
21	孵化加速器	重庆两江新区
22	成都市高新区5G互联科创园	四川成都高新区
23	科学城电子信息产业孵化园二期	重庆高新区
24	中国科学院重庆科学中心	重庆高新区
25	智慧医疗医学中心二期项目	四川成都高新区
26	协同创新区创新工坊项目	重庆两江新区
27	西部（重庆）科学城璧山片区曙光湖智造城项目	重庆璧山区

【重庆脑与智能科学中心】 2023年6月30日，重庆脑与智能科学中心正式揭牌。该中心是由南岸区、重庆经开区整合全市神经科学、智能科学领域创新资源而成立的，位于广阳湾智创生态城核心区迎龙创新港，建设面积达4.6万平方米。该中心聚焦"觉醒睡眠与认知"，围绕"解读脑、康复脑、调控脑、模拟脑"，构建"应用基础研究—临床应用—智能转化"三位一体融合创新体系，2023年，承接"科技创新2030—脑科学与类脑研究"国家重大任务，截至年底，科研团队人员接近120名，已集聚10余家企业落地重庆经开区。该中心推动脑科学与类脑智能创新链产业链资金链人才链融合发展，为重庆培育生命科学"新星"产业集群注入"头部力量"，努力打造脑科学与类脑智能创新高地。

【超瞬态实验装置项目】 超瞬态实验装置项目由"高通量同步辐射光源""超瞬态电子显微镜"两大核心部分组成，分别以强穿透力的X射线和超快电子作为观察物质内部构造和微观世界的工具。2023年，超瞬态实验装置预研项目进入建设实施关键期，核心技术预研、核心器件定购创制和工程建设等各项工作全力推进，项目初步设计和投资概算获得批复，获批总投资概算84 673.03万元。协同重庆科学城城市建设集团完成项目建设场地土石方平整工程，并于2023年5月正式接收建设场地；科学研究楼同步正式启动施工建设，2023年7月完成桩基工程施工，10月完成结构底板浇筑，12月实现主体结构封顶；同步辐射光源完成工程方案设计、工程初步设计、施工图设计等施工准备工作，成功获取工程规划许可证和初步设计批复，协调平行推进招标文件、合同文件和同步辐射光源工程量及限价编制与审查工作，完成工程施工单位招标；项目环境影响评价完成现场本底数据测量和报告书编制，经过3次公示和重庆市生态环境工程评估中心组织的技术评估，成功取得重庆高新区生态环境局批复。超瞬态同步辐射光源综合测试平台和超瞬态电子显微镜集群实验室专业环境建设项目立项建设，总计金额约3700万元，为项目提供支撑。

【电磁驱动大科学装置及地方配套项目】 电磁驱动大科学装置是国家发展改革委正式批复的"十四五"国家重大科技基础设施之一，2023年启动建设。该设施由中国工程物理研究院牵头建设，地址在四川成渝（兴隆湖）综合性科学中心，建设内容主要包括脉冲驱动器主机系统和物理参量综合测试诊断系统，建设目标主要为验证Z箍缩局部点火聚变科学可行性，建设高能级创新平台，推动综合性国家科学中心建设。项目建成后，将用于验证Z箍缩聚变点火的科学可行性，推动Z箍缩聚变－裂变混合能源堆发展，助力我国成为该领域世界科技高地，引领未来先进核能科技；同时为我国高密度储能、超高耐压绝缘材料、耐辐照材料、高性能固态器件、先进瞬态光电探测器、先进数据采集、高精度自动化测控、专业仿真软件开发、先进制造工艺、高精密制靶、大型精密零件加工制造、裂变堆芯及乏燃料处理、同位素生产等高技术的开发应用，提供不可替代的先进实验平台。其建设周期为5年。

【极深地下极低辐射本底前沿物理实验设施】 2023年12月7日，中国锦屏地下实验室二期极深地下极低辐射本底前沿物理实验设施（简称"锦屏大设施"）土建公用工程圆满完工，首批来自清华大学、上海交通大学、中国原子能科学研究院等高校和科研院所的10个实验项目组进驻开展科学实验，标志着世界最深、最大的极深地下实验室正式投入科学运行。该实验室位于四川省凉山彝族自治州锦屏山地下2400米深处，总容积为33万立方米。该实验室具备"超低宇宙线通量""极低环境辐射""极低环境氡析出""超洁净空间"等多种优势，是我国开展暗物质研究的绝佳场所，对我国科学家率先取得原创性的重大突破、形成重要的国家科技创新平台具有重要意义。

【长江上游种质创制科学设施】 2023年，长江上游种质创制大科学中心加快建设。长江上游种质创制与利用工程研究中心培育项目和国家重点研发计划项目"长江上游特色濒危农业生物种质资源抢救性保护与创新利用"加速推进。2023年5月，西部（重庆）科学城种质创制大科学中心二期正式运行暨科技成果发布会成功举办，已入驻马铃薯、油菜、家蚕、罗非鱼、青蒿、柑橘、杨树、茶树及长江上游水产种质资源库等9个种质创制团队，创制种质素材累计超4000份，获批农业农村部种质创制重点实验室平台，并被确立为全国五个专业化育种平台之一。2023年10月，该中心首席科学家夏庆友教授荣获"2023十大重庆科技创新年度人物"。

【华为·成都智算中心项目（一期）】 成都智算中心项目总投资109亿元，是"东数西算"全国一体化大数据中心成渝枢纽节点的样板工程、西南地区最大的人工智能计算中心。该中心由智算云腾（成都）科技有限公司、成都市智算云端大数据有限公司、华为技术有限公司共同建设，于2022年5月10日正式上线，围绕"昇腾"＋人工智能产业，打造创新驱动新引擎，助力"东数西算"，助推数字经济高速发展。2023年1月，该中心与电子科技大学（深圳）高等研究院——网络安全领域重点科研项目"蓉城·白泽"、成都明途科技有限公司及其他生态伙伴——AI数字员工产业联合创新体分别签约，同时，华西医疗机器人研究院＆成都智算中心联合实验室、可视化计算与虚拟现实四川省重点实验室&成都智算中心联合实验室授牌。2023年2月，在2023"算力基座－数智共创"企业融通发展对接会上，该中心与国家超级计算成都中心进行了合作备忘录签约。2023年3月，成都智算中心和电子科技大学机械与电气工程学院达成合作，为电子科技大学装备智能与能源管控学科平台提供智能仿真计算系统、机械臂数字孪生平台等多领域解决方案整合输出服务。2023年6月，科技部发布首批国家新一代人工智能公共算力开放创新平台的批复通知，位于成都高新－郫都电子信息产业园的成都智算中心成功获批成为全国首批9家建设的国家新一代人工智能公共算力开放创新平台之一。2023年11月，四川省数字经济研究中心、成都智算中心、中国电信天翼云、国家超级计算成都中心等机构在会上共同发布《四川省算力应用蓝皮书》。

【非常规油气开发国家重点实验室创建】 2023年9月26日，非常规油气开发国家重点实验室（筹）项目审查会在重庆科技大学举行。实验室学术委员会主任周守为院士对天然气水合物动力学实验室的建设进展和GAGD实验研究项目取得的成果给予充分肯定，并从设备功能、数据获取方式、安全管理、人才队伍建设、基建管理等方面对实验室建设提出了要求，对GAGD实验研究项目下一步工作进行了整体部署。重庆非常规油气开发研究院院长戚志林表示，将在天然气水合物动力学实验平台建设中，加快人才队伍建设，并考虑平台功能的进一步拓展；在GAGD实验项目后期研究过程中，积极与中国海洋石油集团有限公司相关部门进行对接和交流，加强项目人员配置，确保项目各项研究工作圆满完成，并完成了非常规油气开发国家重点实验室（筹）建设项目——水合物模型箱加工及配套设备采购项目的公开招标。

【觉醒睡眠与认知全国重点实验室创建】 觉醒睡眠与认知全国重点实验室已于2023年4月完工，提前完成3000万元的年度投资计划，同时获得4800万元的科技创新专项支持。

【山地城镇建设安全与智能化全国重点实验室创建】 山地城镇建设安全与智能化全国重点实验室立足攻克日益突出的人地矛盾难题，化解自然灾害与建设安全风险，探索城镇开发与环境保护相互协调的可持续发展道路，创新基于大数据和人工智能的智能化建造与运维模式。2023年，该项目土建工程基本完工，等待验收。

【金凤实验室】 金凤实验室占地面积达128亩[①]，建筑面积达13.5万平方米，配套建设30万平方米的高端人才住房、1100亩的凤栖湖公园。2023年，金凤实验室加快建成国家级孵化平台13个，累计引育市级以上创新平台330个，科研人员规模突破400人。金凤科创园开园投用，集聚科技服务机构30个。截至2023年末，由卞修武、段树民、赵宇亮、董晨等院士领衔的20个科研团队相继入驻并开展工作，其中国家级人才13名、博士34名、硕士74名。金凤·华大时空组学、实验动物、药物仿真及生物合成等公共技术平台已建成投用。

【川渝高竹新区科技创新基地项目】 川渝高竹新区科技创新基地是川渝高竹新区的核心功能区。该基地将高水平建设高竹蜂鸟、高竹微孵化空间、高竹AI人工智能实验室、高竹创新中心等四大功能平台，重点引入研发机构、龙头企业和高层次创新创业人才（团队），打造集科技创新、研发、孵化、中试、科技成果转化于一体的产业生态。其运营方为四川发展川渝合作产业园实业

---

① 1亩=666.67平方米。

有限责任公司，该项目总投资23亿元，总用地面积为567亩，拟于2027年底全面建成。该基地目前设有科创孵化区、科创服务区、综合配套区3个功能分区。2023年，科创孵化区超过60%的建筑已完成主体工程，科创服务区和综合配套区也在加快建设，并吸引了清华大学、重庆大学、电子科技大学等一众高校入驻。

【精密机械检测技术与装备工程研究中心】 精密机械检测技术与装备工程研究中心是由通用技术集团国测时栅科技有限公司联合重庆理工大学共同建设的重庆市委"一号工程"2023年度重大平台清单项目之一。该项目落户西部（重庆）科学城，着力突破高精度高可靠性位移测量领域核心技术，同时以纳米时栅技术为核心竞争力，发展测量、驱动和控制一体化技术，研发"纳米时栅+"关键功能部件和智能装备。目前，该中心研制的时栅位移传感器技术已达到现有检测仪器水平的极限，被称为精密定位与控制的"天眼"，实现了国内精密位移测量技术在国际上从跟跑到领跑的跨越。

【国家应用数学中心】 重庆市国家应用数学中心2023年主持获批省部级以上科研项目23项，其中，国家重点研发计划"数学和应用研究"重点专项1项，"揭榜挂帅"项目子课题2项。该中心与重庆长安汽车股份有限公司合作研发DCT自进化学习动力应用，优化变速器控制算法并年产90万台变速器，助力重庆长安汽车股份有限公司荣登"第四届世界十佳变速器"榜单；双方联合揭榜国家重点研发计划"数学和应用研究"重点专项"基于智能优化的自动驾驶决策控制方法"。该中心提出针对重庆山地超大城市交通拥堵问题的自适应优化方法并在重庆市南岸区试点运行，提高路口通行效率30%以上，成果进入2023年国际运筹学会联合会（IFORS）运筹学进展奖（全球）展示答辩环节。该中心联合北京大学重庆大数据研究院、上海交通大学重庆人工智能研究院共同主办"第二届数学促进经济社会发展论坛"，获批全国博士后科研流动站、西部科学城重庆高新区专家服务基地重庆国家应用数学中心专业站。该中心主任杨新民教授当选第十四届全国政协委员、首批中国运筹学会会士、2023年中国科学院院士增选有效候选人，获首届西部（重庆）科学城"金凤凰成就奖"，领衔获批第三批"全国高校黄大年式教师团队"，并受邀到北京大学作"为庆祝数学学科创建110周年杰出学者系列报告"。

【国家川藏铁路技术创新中心项目】 国家川藏铁路技术创新中心地处四川天府新区成都科学城，2023年，项目一期建成投运。

【绿色智能环保技术与装备技术创新中心创建】 2023年8月26日，《重庆市绿色智能环保技术与装备技术创新中心重大创新平台能力提升建设方案》顺利通过国家发展改革委组织的专家论证评估。中心聚焦生态环境污染防治和双碳目标，着力开展水、气、固废等要素领域环保技术和装备技术研发。

【重庆国际生物城创新中心工程】 重庆国际生物城创新中心项目是市级重点项目和重庆国际生物城重点打造的全市生物医药产业配套地标建筑，2023年10月主体结构已经全部施工完成。配套公寓工程是重庆国际生物城急需的居住类配套项目，总建筑面积达15.9万平方米。

【南川现代智慧科技产业园】 南川现代智慧科技产业园总建筑面积达14.91万平方米，建设科技孵化中心、研发中心等。其中，建设项目3号楼为高层办公楼，整栋楼有地下1层、地上14层，总建筑面积达2.46万平方米，建筑总高68.5米，采取框架结构建设。

【绵阳科技城新区直管区一期基础设施项目】 2023年1—5月，绵阳高新区（科技城直管区）新开工项目有99项，续建项目有88项，其中，省市项目有20项，储备项目有42项。4月10日，绵阳科技城辖区埃克森新能源电池产业园一期项目已完成综合站房、办公楼、电芯车间及单体主体结构工程，中试线已进入设备安装调试阶段。4月13日，埃克森新能源电池项目中试线正式开始投料联机通线运行。6月20日，中电光谷绵阳科技园又有10栋定制类厂房主体完工，7月已完成建设进度的40%。

【科学会堂】 科学会堂位于重庆市高新区高龙大道与科学大道交汇处，是西部（重庆）科学城标志性建筑，总建筑面积达24.1万平方米，包括会议中心9万平方米、科展中心6万平方米、科学创新中心3万平方米，以及配套设备服务用房6万余平方米等。2023年6月，由中国水利水电第九工程局有限公司承建的西部（重庆）科学会堂项目科技服务中心1号地块提前16天完成主体结构封顶，标志着项目建设取得阶段性成果。

【协同创新区五期创新空间】 2023年4月，两江协同创新区五期创新空间二标段首栋封顶，总建筑面积达9.2万平方米，建成后将为新加坡国立大学、湖南大学等高校提供科创科研基地；2023年5月，项目五期一标段主体结构4号科研办公楼封顶，正式进入装饰装修阶段，总建筑面积达1.6万平方米，建成后将作为哈尔滨工业大学重庆研究院科研办公楼；2023年10月，明月湖云上山麓科创基地隧道实现全幅贯通。

【孵化加速器】 2023年，由中国建筑第七工程局有限公司承建的重庆孵化加速器一标段EPC项目主体结构全面封顶。项目位于重庆两江协同创新区东南角，是成渝地区双城经济圈2023年重大项目之一，主要建设内容包括建筑、结构、机电、幕墙、节能、景观、装修等工程。项目建成后，有望迎来一大批科研企业入驻，加速两江新区搭建"众创空间+孵化器+加速器+产业园"的梯度孵化体系。

【成都市高新区5G互联科创园】 成都市高新区5G互联科创园由成都高投产城建设集团有限公司下属中新（成都）创新科技园开发有限公司投资建设，位于成都高新区和祥二街291号，毗邻6号线新通大道站。园区共有8个地块23栋楼，含16栋高品质高层办公楼、6栋独栋办公楼和1个配套研发公共实验室。其中，独栋办公楼适合大型企业和研究机构作为总部办公使用。其重点招引符合成都高新区数字经济产业主攻方向的5G、人工智能、大数据、网络安全、智慧能源等产业业态。2023年11月，园区实现主体封顶。2023年11月20日，8号楼已取得预售许可，整体项目已启动招商运营相关工作。

【科学城电子信息产业孵化园二期】 科学城电子信息产业孵化园（科学谷）二期项目是西部（重庆）科学城首批科技创新产业园项目，地处西部（重庆）科学城核心区，西临科学公园，东靠科学大道，以高新技术服务业为核心，协同发展新一代信息技术和数字产业。项目建设用地面积约11.1万平方米，总建筑面积为34.83万平方米，主要包含办公、酒店式公寓及配套设施等。截至2023年底，科学城"∞"形主体结构已全部封顶，"∞"的两个圆已建设完毕，中间"X"连廊正在建设中。建成后，将以"创新、创业"为引擎，助推科学城高质量发展。

【中国科学院重庆科学中心】 中国科学院重庆科学中心作为西部（重庆）科学城引进布局的"大院所"，地址在重庆高新区曾家镇，背靠虎峰山景区，紧邻莲花湖风景区，地理位置十分优越。总用地面积约2000亩，总建筑面积约200万平方米。2023年7月，中国科学院重庆科学中心一期已建成并交付使用。

【智慧医疗医学中心二期项目】 智慧医疗医学中心二期项目是由成都高新区联合四川大学等单位共建的天府锦城实验室（前沿医学中心）二期。项目地处成都高新区新川路与蓉遵高速交汇处的新川创新科技园，总占地面积达135.2亩，总建筑面积达31.7万平方米，总投资11.76亿元。围绕精准医学、再生医学、3D打印与器官修复等领域，致力打造"生物技术＋信息技术"的融合产业示范园区。2023年11月，其已正式投入使用。

【协同创新区创新工坊项目】 协同创新区创新工坊项目为成渝地区双城经济圈2022年重大项目，位于两江协同创新区盛唐大道旁，分为一号工坊、二号工坊、办公楼等9个建设子项目，项目建筑面积约107 488平方米，占地面积约82 521平方米，建筑最大高度为39.45米。2023年3月，创新工坊顺利通过竣工验收，标志着该项目工程建设完工，即将正式投入使用。

【西部（重庆）科学城璧山片区曙光湖智造城项目】 西部（重庆）科学城璧山片区曙光湖智造城是西部（重庆）科学城璧山片区核心区的重要承载地，通过构建"一湖、一岛、一枢纽"的空间格局，实现创新链、产业链、资金链、人才链的深度融合。2023年2月，西部（重庆）科学城璧山片区曙光湖智造城34项项目签约、开工，总投资434.9亿元，涉及智能网联新能源汽车、电子信息、智能装备、总部经济等产业类别。其中，签约项目18项，总投资202.8亿元，预计新增产值399亿元；开工项目16项，总投资232.1亿元，预计新增产值126亿元。

西部科学城

西部（成都）科学城

2023年，西部（成都）科学城（简称"科学城"）立足建设具有全国影响力的科技创新中心，坚定在推进科技创新和科技成果转化上同时发力，持之以恒筑强战略科技力量、壮大现代产业体系，加快形成服务战略大后方建设的创新策源地。成渝（兴隆湖）综合性科学中心揭牌运行，全社会研发经费投入占地区生产总值比重约5.6%，万人高价值发明专利同比增长43%，达73.6件，国家高新技术企业总量同比增长40%，达5474家，技术合同成交额约360亿元。

筑强创新策源能力。科学城国家实验室园区加快建设，科研团队180余人已入驻过渡载体办公；首批4个天府实验室累计搭建科研平台55个，引聚科研和管理人才960人（其中院士17人），开展"卡脖子"项目攻关80余项。跨尺度矢量光场时空调控验证装置、多态耦合轨道交通动模试验平台、柔性基底微纳结构成像系统研究装置建设进度均超70%，电磁驱动聚变大科学装置正加紧报送项目可研报告，准环对称仿星器、磁浮飞行风洞正在抓紧开展开工准备工作。国家超级计算成都中心、成都智算中心获批国家新一代人工智能公共算力开放创新平台；中国铁建重工集团股份有限公司等18家轨道交通产业链重点企业入驻国家川藏铁路技术创新中心；国家超高清视频创新中心建成共性技术等四大平台，形成并发布《先进高效视频编码（GY/T 368—2023）》等4项行业标准；国家中医药传承创新中心签约入驻；成都极米科技股份有限公司等3家单位成功被认定为国家企业技术中心；智能协同计算技术国家级重点实验室获中央军委科学技术委员会授牌（西南地区唯一），全年国家级平台新增8个（含新迁入）。

强化关键核心技术攻关。科学城依托天府兴隆湖实验室、天府宇宙线研究中心等重大创新平台实施"LACT望远镜样机设计优化及全阵列性能研究"等关键核心技术攻关5项；成都中微达信科技有限公司的"量子计算测控系统与量子测量芯片关键技术"等5项项目在全国颠覆性技术创新大赛总决赛获奖；华西精创医疗科技（成都）有限公司的神经可视化脊柱微创手术导航系统、冷凝固化无支撑架3D医疗高速打印技术等4项技术实现全球、全国首创。

推进技术成果转化。科学城加快建设成都科创生态岛，初步形成资源集聚、科技服务、成果展示、产业孵化等核心功能，运行2个月来线上线下引聚70余家科技服务机构；实施中试跨越计划，出台"中试十条"，推动IGBT等10余个中试平台加快建设，IEMS柔性设计与制造等28个中试平台建成投运，服务中试项目近400项；出台"成果转化二十条"，联合中国科学院成都分院、川藏地区等建立"四张清单"成果转化机制，推动高精密工件台运动控制技术成果转化及应用等15项技术成果就近转化；启动建设航空动力科创区、凤栖谷科技创新成果转化基地，高标准打造重大新药创制国家科技重大专项成果转移转化试点示范基地，助力成都威斯克生物医药有限公司研发的3价XBB疫苗等3个品种获批上市。

大力培育创新型企业。科学城大力推动高新技术企业梯度培育，持续优化完善"种子期雏鹰企业－瞪羚企业－独角兽（潜在）企业－上市龙头企业"培育体系，累计培育独角兽（潜在）企业34家、瞪羚企业1039家，入库国家科技型中小企业累计达4428家，同比增长22%，高新技术企业达5474家，同比增长40%。

做大做强重点产业。科学城积极搭建产学研合作平台，深入推进"揭榜挂帅"，支持苏东林院士等业内顶尖科学家和人才353人，半数以上揭榜团队获市场化融资超亿元，成都万应微电子有限公司建成全国技术水平最高、服务功能最全、产业链条最完整的先进封装技术平台；支持中科院成都信息技术股份有限公司成功组建成都中科－重庆大学产学研联合实验室，推动重大科技基础设施与清华大学、西安交通大学等高校，中国中车集团有限公司、中国中铁股份有限公司等龙头企业联合开展技术攻关、成果转化与人才培养；创新驻校技术经理人模式，触达四川大学、西南交通大学等高校师生项目170余项，成功孵化18个项目团队，其中4个拿到首轮融资。

发展壮大重点产业。科学城实施重点产业"建圈强链"，围绕链主龙头企业、产业链重点企业招商引智，新引进中兴通讯西南科创中心、深圳博西尼全国总部、美团西南总部等重大项目，推动国家实验室成果转化基地项目、B类项目等签约落地，GE（通用电气）医疗中国精准医疗产业化基地、绿叶生命科学集团研发及产业创新基地等项目加快建设，"一核四区"已累计落地重点项目600余项。2023年1—9月，185家电子信息规上工业企业累计实现产值2833亿元，生物医药产业规模突破900亿元，数字经济规上企业营业收入约1300亿元。

大力优化创新生态。科学城引进一流创新人才，设立10亿元人才发展专项资金，出台天府新区直管区人才支持政策、高新区创新领军人才专项政策细则，支持成都倍特药业股份有限公司等重点单位新引进80余名科技和产业创新领军人才，新引育中国工程院院士3人、中国科学院院士2人、国家级人才7人，实施"四派人才"计划，新增高层次"四派人才"企业267家。完善科技金融体系，推动规模20亿元的成都天使投资母基金落地；推动高新区百亿元天使母基金荣获"中国最佳天使引导基金TOP10"等4项全国性荣誉，发布21个"揭榜挂帅"基金合作需求榜单，新增天使子基金规模超40亿元，累计形成19支超100亿元天使基金集群，基本实现国内头部机构合作全覆盖；依托天府国际基金小镇，聚集以股权投资基金为代表的新金融企业，全年新增22家，累计落户762家，管理规模突破6000亿元。加快建设四川区域协同发展总部基地、四川招商引资大厦，打造成德眉资"同城化"招商引资新中心；持续推进与重庆两江新区共建协同创新等"八大产业旗舰联盟"，集聚头部企业90家、会员企业800家。

（来源：成都市科学技术局、成都市科学技术信息研究所）

重庆两江协同创新区

2023年，重庆两江协同创新区（简称"两江新区"）以建设全国重要科技创新和协同创新示范区为目标，高标准高要求构建全要素全链条创新生态。成立明月湖建设领导小组及建设指挥部，抽调两江新区骨干力量靠前办公，精准化打造"明月湖·π"创新品牌，统筹推进两江新区迭代升级。

增强科技创新能级。两江新区累计引进新型研发机构50个，建设研发平台140余个。依托潘复生院士团队筹建明月湖实验室，"中国复眼"二期开工建设，获批建设重庆市卫星互联网应用技术创新中心、重庆市山地灾害应急装备技术创新中心等创新平台，湖南大学重庆研究院联合中汽院新能源科技有限公司共建新能源动力系统能效与安全联合创新中心。聚焦产业孵化和成果转化，按照"持续深化一批、转型优化一批、暂停终止一批"的原则形成总体优化工作方案和思路，兼顾契约精神和市场化原则，已基本形成关于重庆纳米金属研究院、重庆清仪微系统研究院的两个成熟的转型方案。地质灾害防治、增材制造、新材料等领域的一批项目获得2023年度国家自然科学基金立项资助；吉林大学重庆研究院孵化企业楼楼管家推出国内首个机器人配送社区零售平台"小力到家"，在部分人才社区试营业；哈尔滨工业大学重庆研究院承建"渝快码"政务服务系统，推进城市服务全网一码通行；北京工业大学重庆研究院孵化企业重庆小垚科技有限公司的车库智能建造技术产品，先后服务招商地产、中粮地产等央企及平台公司项目超20项，全年营业收入预计超1000万元。

推动新兴产业集聚发展。两江新区发挥科技创新资源集聚优势，加快布局战略性新兴产业和未来产业，增强对龙盛新城的辐射带动力。出台《关于支持明月湖打造以下一代互联网为引领的全球数字科技创新高地若干措施（试行）》，重点发展通用人工智能产业、Web3产业、卫星互联网产业等六大产业方向，谋划建设人工智能公共算力共享服务和算力互联互通调度平台等八大使能平台。搭建技术交易生态链条，上海技术交易所西南技术交易服务中心落地运营，新增培育本土技术经纪（理）人60余人，累计200余人，常态化组织或参与产学研对接活动60余场，累计促成科技成果转移转化300余项。建设众创空间13个，新增2个市级中小企业公共服务示范平台、2个市级工业设计赋能中小企业公共服务平台，深入落实"双倍增"行动，园区累计孵化引育企业400多家，其中科技型企业入库150余家。拓展产业化项目挖掘渠道，首届明月湖·紫丁香创业学院加速营、明月湖硬科技创业者大赛顺利举办，合计吸引全球600余项项目报名，遴选出32项优质项目落地。明月湖科技资源共享服务平台建成运营，公共技术服务平台累计服务本地高校院所、中小企业等单位近百次。规模为2亿元的明月湖种子基金，已与16项项目签订投资协议，其中投资爱思盟等明月湖项目14项。明月湖科创基金投资（总规模为5亿元，实缴2亿元）7项科创项目估值浮盈达到投资成本的1.3倍，带动社会资本参与投资园区科创企业，10余家企业总计获得数亿元融资，其中重庆摩方精密科技股份有限公司已获得D轮融资，企业估值超32亿元。新增设立规模5亿元的明月湖畔创业投资基金，储备项目为18项，推动完成项目尽调5

项。联合重庆市引导基金，谋划设立明月湖成果转化类基金，重点支持种子期、初创期的科研成果在明月湖落地转化。

引育产业创新人才。两江新区累计获批博士后科研工作站22个、重庆海智工作站2个，集聚院士团队27个、高端创新人才3400余人。联合李泽湘教授团队、重庆大学围绕"智能化+新能源"，打造重庆卓越工程师学院，与华润集团、南方电网等头部企业开展联合培养，招收本、硕、博学生340余名，首届卓越班186名本科毕业生中的近50%在重庆市本土企业就业；明月湖科创基地累计举办11期科创训练营，开发产品样机近60款，入孵团队20个，其中8家硬科技公司预计将获得超1亿元天使投资。哈尔滨工业大学重庆研究院获批建设国家级专精特新产业学院（智能制造），北京理工大学重庆创新中心累计在渝培养研究生500余人、博士后52人。围绕创新创业主体全生命周期服务，明月湖科创服务中心集聚30余个专业服务机构，设立明月湖政务惠企E站，为园区创新创业人才提供"一站式"科创服务、政务服务，全年协助办理人才政策兑现超100人，协调解决各类需求事项300余项。研究制定15条"明月湖专项政策"，特别在境外高层次人才出入境便利服务、人才安居等方面进行政策创新，促进海内外人才加快集聚明月湖。

打响"明月湖·π"科创品牌。两江新区成功举办"明月湖·π"全球创新大会、2023全球6G发展大会、2023 Web3.0创新大赛决赛暨颁奖典礼、中国人工智能产业发展联盟（AIIA）第十次全体会议暨2023年通用人工智能创新发展论坛等活动，向全球推介"明月湖·π"新名片。其中，"明月湖·π"全球创新大会仅主论坛线上观看人数就超过110万人次，受到人民日报、新华社、中央广播电视总台等50余家中央及市属重点媒体与自媒体的深度关注报道；2023全球6G发展大会曝光量达2.12亿余次；2023 Web3.0创新大赛决赛暨颁奖典礼曝光量达2160万余次；"#6G将在2030年左右实现商用#"话题攀升至抖音热搜第三名，话题浏览量达6200万余次；"#重庆明月湖走向世界#"话题攀升至微博热搜第三名，话题阅读量近千万次。常态化开展明月湖创新沙龙、大讲堂100余场，营造浓厚的创新创业氛围。

打造宜居宜业宜游城市环境。两江新区探索实施全过程管理模式、创新城市运营合作模式，城市综合服务功能得到提升。开工建设"一带一路"国际技术交流中心、明月湖Σ基金小镇等产业楼宇80万平方米，加速建设孵化加速器、云上山麓等产业楼宇60万平方米。搭建运行智慧园区管理平台，明月湖π·知寓推出超1000套人才公寓，明月湖未来酒店B、C区新增客房、公寓400余套。两江新区与重庆南开两江中学国际部、哈罗礼德等国际学校探索建立海外人才子女入学机制。推动优化龙盛片区公交网络，在园区内投放562辆共享单车，搭建"轨道+公交+响应式小巴+共享单车"的公共交通网络。

（来源：重庆市科学技术局、重庆生产力促进中心）

西部（重庆）科学城

2023年，西部（重庆）科学城（简称"科学城"）以成渝（金凤）综合性科学中心为引领，加快打造具有全国影响力的科创中心核心承载区。2023年科学城核心区全社会研发经费投入同比增长超20%。2023年，科学城拥有市级以上研发机构341个，其中国家级21个；荣获重庆市科学技术奖52项；累计认定新型研发机构28个；新增入库科技型企业1065家，总量达2515家；新增高新技术企业87家，总量达402家；培育技术经纪人180人，累计达300人；技术合同成交额超35亿元。

培育高能级科创平台。超瞬态实验装置、中子源科学装置等重大科技基础设施加速建设，中子科学研究院（重庆）揭牌投用，广州实验室、张江实验室重庆基地加快落地。金凤实验室获批首家重庆实验室，科研人员规模突破400人；金凤科创园开园投用，集聚科技服务机构30个。工业软件云创实验室揭牌，赛宝工业技术研究院获批国家企业技术中心。全球首台自主知识产权智能荧光扫描分析系统实现量产，北京大学重庆大数据研究院取得新一代有限元工业软件"北达飞易"等全球领先成果，联合微电子国家制造业创新中心硅光陀螺等成果填补国内空白。自主开发全国首套完整硅光工艺，"础光"基础软件、"北太天元"软件实现商用，获市场化融资1.1亿元。

集聚高水平科创主体。2023年，科学城完善"微成长、小升高、高壮大、大变强"梯次培育机制，抓实高新技术企业、科技型企业"双倍增"，高新技术企业产值同比增长15%。突出"顶尖、全职、海外、年轻"导向，新引进海内外优秀人才4500人，新入库"金凤凰"人才162人。加快建设世界大学生创新创业基地，打造"两城汇"校企交流合作品牌，新增4600余名高校毕业生等就业创业。

构建高质量创新生态。2023年，科学城打造金凤科创园、大学城软信和人工智能等孵化集聚区，新建成市级以上孵化器和众创空间5个，其中国家级1个，新培育技术经纪人180人。科学城新增创新创业孵化面积5万平方米，总量达125万平方米。以"先投后股"方式助推三维指静脉识别技术等首批4项科技成果转化项目立项，拟资助第二批项目4项，预计资助金额为1450万元，2家"先投后股"资助企业完成西南地区首批"认股权"登记。率先试点企业创新积分制并向31家企业提供积分贷超1亿元，种子基金投资企业数量和投资总额均居重庆市第一，知识价值信用贷等金融产品新增助企融资近7000万元，累计突破10亿元。率先探索人才"双向离岸"创新创业机制，获评全国、重庆市最佳人才工作改革案例。举办中国创新创业大赛（重庆赛），"科创中国"试点城市"样板间"打造完成，累计汇聚专家超8000人，发布成果7800项。

夯实现代制造业基础。2023年，科学城瞄准集成电路、智能网联新能源汽车及核心器件、数智科技、生物医药等领域招大引强、招新引高、招链引群，签约50亿元以上的先进制造业项目9项，到位资金达378亿元，同比增长12%。闭环落实项目落地建设投产全流程服务保障，签约项目落地开工率超70%。出台制造业"高质量发展10条"等措施，实施智改数转项目50项，获批国家级绿色工厂3个、国家级绿色供应链2个，新增数字化生产线84条、数字化车间13个，技改后平均生产效率提高 41%，运营成本降低 24%。支持 15 家企业新设立研发机构，规上工业企业研发机构覆盖率增至 72%。建设汽车电子产业园、数字医疗产业园、重庆高新大健康产业园等特色产业园，科学谷数智科创园等开园。支持华润微、SK 海力士、长安跨越等已投企业达产增效，加快建设中电科 8 吋线扩能、中国电信数字产业基地、思拓凡生物药等先进制造业骨干项目，金赛医疗、孔辉科技等新项目投产，智能网联新能源汽车及核心器件、集成电路产值分别同比增长 10%、4.8%，软信产业营业收入同比增长 41%。

集中打造金凤城市中心。围绕打造集科创、产业、金融、商务、生态、居住等核心功能为一体的城市新样板，提速推进科学会堂等在建项目，国际人才社区一期等项目完工，加快形成科学城科创商业商务的中心区。出台促进金凤城市中心加快集聚发展的若干措施，组建城市中心招商专班，聚力招引优质企业签约入驻。提速推进基础设施建设，科学城隧道等 5 条隧道加快建设，金凤隧道主线贯通，智能交通建设顺利通过全国首批智慧交通先导应用试点验收。北京师范大学重庆科学城实验学校等 4 所高品质中小学及四川外国语大学重庆科学城中学校等 3 所学校建成投用，新增学位 5000 个。区域空气质量优良天数位居中心城区第三，全年无重污染天气，获评 2023 年市级"无废城市"建设典型案例。

积蓄改革开放动力。坚持营造市场化、法治化、国际化一流营商环境，打造高质量发展的"强磁场"。深化区域联动发展，推动成渝地区双城经济圈建设走深走实，11 项重点项目、5 项重点政策、15 个重点平台被纳入全市"十项行动"方案。合作共建"高新·黔江"产业园，挂牌成立科学城黔江孵化中心，实施猕猴桃种质资源保护与利用等科技型项目 6 项，完成全市单笔最大规模 8.46 万亩森林指标交易。

提升人民群众福祉。落实科学城助企纾困"十二条"，开展高校毕业生等重点群体就业援助，组织开展创业培训师资研修、EYB 高级战略研修，实现城镇新增就业 2.4 万人，离校未就业高校毕业生就业率达 100%，全年全体居民人均可支配收入同比增长 5.4%。大力推进乡村振兴，建立重庆高新区乡村振兴重点建设项目库，在库项目有 50 项，总投资约 30 亿元，落地联通乡村振兴（重庆）数字产业研究院、重庆市乡村振兴劳务品牌研究院等重点项目，种质创制大科学中心（二期）正式运行，首次被纳入乡村振兴衔接资金支持范围。

（来源：重庆市科学技术局、重庆生产力促进中心）

中国（绵阳）科技城

2023 年是中国（绵阳）科技城党工委、管委会实质运行的第一年。中国（绵阳）科技城牢记建设中国特色社会主义科技创新先行区的历史使命，坚持在推动科技创新和科技成果转化上同时发力，全域推进科技创新能力提质增效。全年经济社会发展主要预期目标圆满实现，地区生产总值增速、规上工业增加值增速、全社会固定资产投资增速等多项主要经济指标，均位居绵阳全市前列，并跻身赛迪城市新区发展潜力百强（2023）榜十强。全年新增规上工业企业19家、限上企业37家、规上服务业企业38家、省级专精特新企业7家，"四上"企业总数达347家。中国（绵阳）科技城获批"四川省外贸转型升级基地（新一代通信）"。

加大战略科技力量建设。稳步推进高能级创新平台建设，推动空气动力学、冲击波物理与爆轰物理等5个全国重点实验室通过重组，新获批省级工程技术研究中心2个、省级临床医学研究中心1个。围绕核医学领域，成功筹建涪江实验室，并实现挂牌运营。镥[^{177}Lu]氧奥曲肽注射液新药剂成功完成临床试验；X射线FLASH放疗技术原理样机实现新突破；绵阳市中心医院建成SPF级动物实验中心并取得四类放射性药物使用许可证。先进技术研究院、光子技术研究院、机器人产业技术研究院3个单位获评省级新型研发机构；推动华为首个行业感知创新基地、厦门大学数字经济产业创新研究院等新型研发机构在绵成功落地。

加快推动科技成果转化。持续打造"创新金三角·智汇科技城"活动品牌，累计参与开展活动10场；参与开展清华大学专场、国防科技大学专场、川渝科技成果对接会等活动。积极培育孵化机构，成功组建绵阳市退役军人创新园；鼓励支持中试平台建设，中玖闪光X射线FLASH放疗、成科国重高比能锂硫电池等一批中试平台加快建设。

强化创新生态优化。积极举办高规格活动作为营造浓厚创新氛围的重要抓手，作为牵头单位成功举办第十一届中国（绵阳）科技城国际科技博览会。在国内首次发布颠覆性技术榜单并围绕颠覆性技术与未来产业举办论坛；邀请上海、北京、广州、无锡、青岛、长沙等多地高新区代表来绵参展参会。成功举办首次科技创新大会，首次发布年度十大科技进展、十大创新企业、十大创新产品。参与举办第三届中国磁约束聚变能大会等全国性科技活动。积极承办第八届中国创新挑战赛（绵阳）技术融合专题赛，通过该赛事促成技术合作20余项，意向合作金额达3640万元，一批本土企业借此平台与外地科研机构达成技术合作。

科技金融深入推进。2023年，"天府科创贷"绵阳分中心累计推动贷款发放超过11.61亿元，较上年增长113.4%；全年科技型企业贷款余额超530亿元，覆盖科技型企业超3000家。

（来源：四川省科学技术厅、四川省科学技术发展战略研究院）

数据篇

地区综合

成渝地区双城经济圈综合指标（2020—2023 年）

指标名称	单位	2020 年	2021 年	2022 年	2023 年
地区生产总值	亿元	66 381	73 920	77 590	81 987
＃第一产业	亿元	6040	6195	6472	6559
＃第二产业	亿元	25 050	28 261	29 891	30 253
＃第三产业	亿元	35 291	39 465	41 227	45 175
年末常住人口	万人	9863	9870	9875	9854
地方一般公共预算收入	亿元	4162	4651	4687	5297
地方一般公共预算支出	亿元	9577	9385	10 032	11 016
年末规模以上工业企业数	家	20 148	21 548	22 725	23 273
进出口总额	亿元	13 799	17 162	18 076	16 554
＃出口总额	亿元	8788	10 749	11 357	10 703
普通高等学校	个	187	188	190	195
科学研究与技术服务业非企业单位	家	433	527	569	608

主要社会经济指标（2020—2023年）

指标名称	单位	重庆市			
		2020年	2021年	2022年	2023年
辖区面积	平方公里	82 402	82 402	82 402	82 402
空气质量优良天数率	%	91.00	89.30	91.00	89.04
地区生产总值	亿元	25 041	27 894	29 129	30 146
#第一产业	亿元	1804	1922	2012	2075
#第二产业	亿元	9970	11 185	11 694	11 699
#第三产业	亿元	13 268	14 787	15 423	16 372
人均地区生产总值	元	78 294	87 450	90 663	94 135
年末常住人口	万人	3209	3212	3213	3191
年末就业人员	万人	1676	1668	1644	1662
地方一般公共预算收入	亿元	2095	2285	2103	2441
地方一般公共预算支出	亿元	4894	4835	4893	5305
居民人均可支配收入	元	30 824	33 803	35 666	37 595
#城镇居民人均可支配收入	元	40 006	43 502	45 509	47 435
年末规模以上工业企业数	家	6938	7314	7617	7717
规模以上工业企业实现营业收入	亿元	23 052	27 531	27 175	27 535
进出口总额	亿元	6513	8001	8158	7137
#出口总额	亿元	4187	5168	5245	4782
普通高等学校	个	68	69	70	72
在校学生（普通高等学校在校学生）	人	998 650	1 100 122	1 171 607	1 212 100
科学研究与技术服务业非企业单位	家	310	339	354	370
公共图书馆	个	43	43	43	43
博物馆	个	105	111	130	130

主要社会经济指标（2020—2023年）（续）

指标名称	单位	四川省				#成都市			
		2020年	2021年	2022年	2023年	2020年	2021年	2022年	2023年
辖区面积	平方公里	486 052	486 052	486 052	486 052	14 335	14 335	14 335	14 335
空气质量优良天数率	%	90.80	89.50	89.30	85.80	76.50	81.90	77.30	78.10
地区生产总值	亿元	48 502	53 851	56 750	60 133	17 838	19 962	20 789	22 075
#第一产业	亿元	5557	5662	5964	6057	655	583	588	595
#第二产业	亿元	17 506	19 901	21 157	21 307	5334	5989	6341	6371
#第三产业	亿元	25 439	28 288	29 628	32 770	11 849	13 390	13 860	15 109
人均地区生产总值	元	58 009	64 326	67 777	71 835	85 679	94 622	98 149	103 465
年末常住人口	万人	8371	8372	8374	8368	2095	2119	2127	2140
年末就业人员	万人	4745	4727	4706	4722	1143	1156	1159	1168
地方一般公共预算收入	亿元	4261	4773	4882	5529	1520	1698	1722	1929
地方一般公共预算支出	亿元	11 199	11 216	11 915	12 732	2159	2238	2435	2587
居民人均可支配收入	元	26 522	29 080	30 679	32 514	42 075	45 755	47 948	50 585
#城镇居民人均可支配收入	元	38 253	41 444	43 233	45 227	48 593	52 633	54 897	57 477
年末规模以上工业企业数	家	15 280	16 454	17 489	18 537	3691	4107	4361	4584
规模以上工业企业实现营业收入	亿元	46 565	54 215	54 932	49 494	14 966	17 419	17 361	17 986
进出口总额	亿元	8082	9514	10 077	9575	7154	8222	8346	7490
#出口总额	亿元	4654	5709	6215	6034	4107	4841	5005	4539
普通高等学校	个	132	134	134	137	58	57	58	58
在校学生（普通高等学校在校学生）	人	1 800 903	1 920 825	2 050 000	2 164 000	932 205	981 464	1 106 037	1 208 000
科学研究与技术服务业非企业单位	家	246	271	309	339	132	160	207	198
公共图书馆	个	207	207	209	209	22	22	23	23
博物馆	个	258	267	316	320	97	101	172	192

科技综合

成渝地区双城经济圈综合指标（2020—2023年）

指标名称	单位	2020年	2021年
R&D 人员数	人	446 880	501 590
＃规上工业企业	人	238 042	282 772
＃高等院校	人	93 266	103 912
＃科学研究与技术服务业非企业单位	人	25 117	27 415
R&D 人员折合全时当量	人年	288 829	313 530
＃规上工业企业	人年	155 463	174 877
＃高等院校	人年	41 312	46 142
＃科学研究与技术服务业非企业单位	人年	20 577	22 379
R&D 经费内部支出	万元	15 345 509	17 735 056
＃规上工业企业	万元	7 723 246	8 745 558
＃高等院校	万元	1 325 480	1 531 016
＃科学研究与技术服务业非企业单位	万元	778 355	966 773
R&D 经费投入强度	％	2.28	2.40
技术合同登记数	项	23 524	25 136
技术合同登记成交额	万元	13 579 387	16 958 787
专利授权量	件	156 990	214 720
＃发明专利	件	21 255	28 095
有效高新技术企业	家	10 146	13 347

成渝地区双城经济圈综合指标（2020—2023 年）（续）

指标名称	单位	2022 年	2023 年
R&D 人员数	人	543 568	582 241
#规上工业企业	人	300 973	297 291
#高等院校	人	111 536	141 243
#科学研究与技术服务业非企业单位	人	27 129	29 801
R&D 人员折合全时当量	人年	347 797	383 001
#规上工业企业	人年	195 797	208 772
#高等院校	人年	48 074	58 915
#科学研究与技术服务业非企业单位	人年	21 909	23 775
R&D 经费内部支出	万元	18 662 835	20 655 393
#规上工业企业	万元	9 862 162	10 442 852
#高等院校	万元	1 711 679	1 906 346
#科学研究与技术服务业非企业单位	万元	1 084 810	1 113 148
R&D 经费投入强度	%	2.44	2.52
技术合同登记数	项	29 864	38 627
技术合同登记成交额	万元	22 615 057	27 910 487
专利授权量	件	194 612	161 147
#发明专利	件	36 941	46 228
有效高新技术企业	家	18 854	24 063

主要科技指标（2020—2023年）

指标名称	单位	重庆市			
		2020年	2021年	2022年	2023年
R&D 人员数	人	166 227	202 465	203 515	220 106
R&D 人员折合全时当量	人年	105 712	123 446	128 878	142 118
R&D 经费内部支出	亿元	526.79	603.84	686.65	746.67
R&D 经费投入强度	%	2.11	2.16	2.36	2.48
两院院士（不含外聘）	人	17	18	18	22
专利申请量	件	83 826	83 555	86 751	114 997
＃发明专利	件	22 273	24 068	28 907	30 517
专利授权量	件	55 377	76 206	66 467	54 136
＃发明专利	件	7637	9413	12 207	13 600
PCT 国际专利申请量	件	363	393	405	528
每万人口高价值发明专利拥有量	件		4.35	5.48	7.15
国家科学技术奖	项	9			6
＃自然科学奖	项				1
＃技术发明奖	项	3			
＃科技进步奖	项	6			5
省级、直辖市科技进步奖	项	115	114	69	67
＃一等奖	项	23	23	15	15
＃二等奖	项	43	46	27	28
＃三等奖	项	49	45	27	24
输出技术合同登记数	项	3515	7194	6880	11 234
输出技术合同成交额	亿元	118	185	559	718
吸纳技术合同登记数	项	5673	9548	8981	12 561
吸纳技术合同成交额	亿元	226	518	790	883
有效高新技术企业	家	4223	5109	6401	7565
科技型中小企业备案入库数	家	891	3113	2839	2284
国家级创新创业载体	个	77	78	97	100
＃国家级科技企业孵化器	个	22	22	26	29
＃国家备案众创空间	个	53	53	68	68
＃国家大学科技园	个	2	3	3	3

主要科技指标（2020—2023年）（续）

指标名称	单位	四川省				#成都市			
		2020年	2021年	2022年	2023年	2020年	2021年	2022年	2023年
R&D人员数	人	292 729	311 721	355 401	377 761	156 382	161 529	193 339	211 995
R&D人员折合全时当量	人年	189 829	197 144	227 141	250 058	101 527	105 327	129 078	143 120
R&D经费内部支出	亿元	1055.28	1214.52	1215.01	1357.80	551.40	631.92	733.26	824.12
R&D经费投入强度	%	2.17	2.26	2.14	2.26	3.11	3.17	3.52	3.73
两院院士（不含外聘）	人	59	63	62	67	30	33	33	36
专利申请量	件	167 676	163 664	165 494	180 303	94 802	99 652	101 376	109 854
#发明专利	件	42 676	45 358	48 283	53 454	29 776	33 000	35 958	40 061
专利授权量	件	108 386	146 936	135 507	113 073	65 450	88 376	83 500	70 825
#发明专利	件	14 187	19 337	25 458	33 339	10 875	14 989	19 545	25 803
PCT国际专利申请量	件	591	708	826	860	500	565	601	558
每万人口高价值发明专利拥有量	件	2.94	4.04	5.06	6.78	10.39	12.30	15.40	20.5
国家科学技术奖	项	27			26	22			20
#自然科学奖	项				1				1
#技术发明奖	项	2			9	1			7
#科技进步奖	项	25			16	15			12
省级、直辖市科技进步奖	项	263	261	244	248	190	197	213	228
#一等奖	项	36	40	31	38	29	36	28	36
#二等奖	项	80	83	72	79	63	68	65	77
#三等奖	项	147	138	141	131	98	93	120	115
输出技术合同登记数	项	20 415	18 443	23 555	28 331	16 943	14 071	17 697	20 319
输出技术合同成交额	亿元	1245	1389	1644	1942	1145	1189	1458	1510
吸纳技术合同登记数	项	20 050	20 947	25 750	30 561	13 006	13 275	15 633	18 062
吸纳技术合同成交额	亿元	876	1264	1522	1840	521	664	757	952
有效高新技术企业	家	8154	10 247	14 668	16 898	6125	7911	11 510	13 146
科技型中小企业备案入库数	家	12 293	14 817	18 693	21 003	6032	7016	8645	8589
国家级创新创业载体	个	122	127	136	135	75	75	80	76
#国家级科技企业孵化器	个	41	45	45	50	21	22	22	24
#国家备案众创空间	个	76	75	84	78	50	49	54	48
#国家大学科技园	个	5	7	7	7	4	4	4	4

注：2020年成都市国家科学技术奖包含6个专用项目；2021年、2022年国家科学技术奖未评。

地方财政科技支出（2023年）

区域	一般公共预算支出（亿元）	地方财政科技支出（亿元）	地方财政科技支出占一般公共预算支出比重（%）
川渝合计	18 037	347	
重庆	5305	103	1.93
四川	12 733	244	1.92
成渝地区双城经济圈	11 016	243	
# 占川渝比重（%）	61.08	70.24	
重庆都市圈	2359	34	
成都都市圈	3603	160	
川东北渝东北	1753	10	
川南渝西地区	2388	23	
重庆			
渝中区	86.29	0.56	0.65
大渡口区	40.61	0.71	1.75
江北区	101.90	3.48	3.42
沙坪坝区	108.60	1.34	1.23
九龙坡区	100.20	3.38	3.38
南岸区	97.08	2.01	2.07
北碚区	65.96	0.63	0.96
渝北区	120.27	2.92	2.43
巴南区	79.73	1.62	2.03
涪陵区	138.77	2.09	1.51
长寿区	90.47	1.27	1.40
江津区	120.68	1.51	1.25
合川区	101.49	0.78	0.76
永川区	109.31	1.50	1.37
南川区	78.45	0.68	0.87
綦江区	118.55	1.10	0.93
潼南区	80.97	1.81	2.23
铜梁区	92.61	1.69	1.83

续表

区域	一般公共预算支出（亿元）	地方财政科技支出（亿元）	地方财政科技支出占一般公共预算支出比重（%）
大足区	111.43	1.30	1.17
荣昌区	92.60	1.52	1.64
璧山区	75.80	1.48	1.95
万州区	165.96	3.75	2.26
梁平区	77.51	0.54	0.70
丰都县	70.23	0.37	0.52
垫江县	70.04	0.83	1.18
忠　县	76.99	0.38	0.50
开州区	99.85	0.36	0.36
云阳县	84.15	0.43	0.51
黔江区	87.01	0.64	0.73
四川			
成都市	2586.83	150.92	5.83
自贡市	297.67	2.16	0.73
泸州市	472.75	1.61	0.34
德阳市	391.53	4.27	1.09
绵阳市	577.59	17.46	3.02
遂宁市	310.04	3.36	1.08
内江市	308.70	0.99	0.32
乐山市	360.52	1.97	0.55
南充市	556.50	1.35	0.24
眉山市	369.21	1.80	0.49
宜宾市	663.69	9.96	1.50
广安市	347.26	0.68	0.20
达州市	551.38	2.13	0.39
雅安市	223.97	1.42	0.63
资阳市	255.23	2.72	1.06

专利状况（2023年）

单位：件

区域	专利授权量	# 发明专利	发明专利有效量	万人发明专利拥有量
川渝合计	**167 209**	**46 939**	**204 107**	
重庆	54 136	13 600	64 200	19.98
四川	113 073	33 339	139 907	16.72
成渝地区双城经济圈	161 147	46 228	198 370	
# 占川渝比重（%）	**96.37**	**98.49**	**97.19**	
重庆都市圈	50 301	13 119	61 863	
成都都市圈	79 546	27 176	109 856	
川东北渝东北	8284	768	3008	
川南渝西地区	18 013	2601	13 035	
重庆				
渝中区	1852	565	2229	38.58
大渡口区	1177	169	1133	26.01
江北区	4564	1215	4479	47.38
沙坪坝区	4956	2454	10 819	72.83
九龙坡区	4561	1012	5286	34.42
南岸区	3474	1547	8745	72.39
北碚区	3135	1022	4496	53.52
渝北区	8361	2395	9497	42.13
巴南区	2237	486	1979	16.55
涪陵区	1165	219	874	7.84
长寿区	951	227	1625	23.64
江津区	2975	575	2820	20.83
合川区	1059	112	1249	10.12
永川区	1361	266	1561	13.61
南川区	428	43	266	4.66
綦江区	821	84	523	5.20
潼南区	446	35	501	7.36
铜梁区	1190	101	617	8.97

续表

区域	专利授权量	# 发明专利	发明专利有效量	万人发明专利拥有量
大足区	1175	87	422	5.06
荣昌区	971	129	838	12.54
璧山区	2295	289	1498	19.63
万州区	1275	141	676	4.32
梁平区	520	86	210	3.27
丰都县	224	31	93	1.68
垫江县	455	38	224	3.47
忠　县	247	22	171	2.39
开州区	410	33	256	2.13
云阳县	313	49	89	0.96
黔江区	285	18	118	2.40
四川				
成都市	70 825	25 803	103 803	48.50
自贡市	1816	400	2224	9.16
泸州市	2670	313	1363	3.19
德阳市	4973	884	4036	11.69
绵阳市	8225	3062	13 978	28.46
遂宁市	2139	283	1221	4.44
内江市	1365	209	929	3.03
乐山市	1750	244	1324	4.21
南充市	2590	199	720	1.31
眉山市	2643	425	1571	5.32
宜宾市	3669	437	1738	3.76
广安市	1147	87	406	1.26
达州市	2250	169	569	1.07
雅安市	1097	199	748	5.23
资阳市	1105	64	446	1.98

技术市场（2023年）

区域	合同登记数（项）	合同成交额（万元）	# 技术交易额
川渝合计	**39 677**	**28 166 704**	**16 454 480**
重庆	11 281	8 650 929	3 911 640
四川	28 396	19 515 775	12 542 840
成渝地区双城经济圈	38 627	27 910 487	16 269 909
# 占川渝比重（%）	97.35	99.09	98.88
重庆都市圈	10 606	8 588 010	3 893 710
成都都市圈	21 740	16 774 436	10 380 095
川东北渝东北	1939	330 013	267 740
川南渝西地区	3002	1 557 361	943 701
重庆			
渝中区	214	82 797	29 129
大渡口区	68	270 997	55 443
江北区	824	351 483	349 157
沙坪坝区	846	579 404	132 496
九龙坡区	1230	621 758	208 012
南岸区	1249	628 951	574 435
北碚区	706	144 899	134 294
渝北区	1968	4 519 955	1 787 359
巴南区	246	112 308	43 255
涪陵区	512	362 903	84 883
长寿区	678	98 246	42 458
江津区	79	232 504	24 281
合川区	222	66 781	51 892
永川区	366	77 632	75 777
南川区	89	11 009	11 009
綦江区	382	142 294	59 416
潼南区	125	34 266	34 246
铜梁区	215	45 266	33 270

续表

区域	合同登记数（项）	合同成交额（万元）	# 技术交易额
大足区	207	54 884	40 330
荣昌区	134	28 786	28 786
璧山区	37	42 481	26 160
万州区	111	35 021	16 569
梁平区	106	26 081	8178
丰都县	47	3524	3176
垫江县	12	7237	7167
忠　县	267	18 508	18 481
开州区	73	20 748	5102
云阳县	19	12 803	11 833
黔江区	18	2997	2517
四川			
成都市	20 113	16 141 932	9 979 869
自贡市	328	119 229	20 917
泸州市	594	372 463	275 436
德阳市	767	536 434	321 889
绵阳市	1966	1 019 615	915 742
遂宁市	311	133 117	64 449
内江市	106	55 098	21 097
乐山市	66	63 742	41 504
南充市	890	93 595	87 811
眉山市	213	46 034	31 744
宜宾市	591	429 205	364 391
广安市	209	78 406	67 622
达州市	414	112 496	109 423
雅安市	362	22 562	22 311
资阳市	647	50 036	46 593

研发综合

R&D 人员（2023 年）

单位：人

区域	R&D 人员	# 女性	# 全时人员
川渝合计	597 867	158 086	373 949
重庆	220 106	58 677	138 180
四川	377 761	99 409	235 769
成渝地区双城经济圈	582 241	153 763	366 612
# 占川渝比重（%）	97.39	97.27	98.04
重庆都市圈	209 397	55 213	131 315
成都都市圈	242 115	61 500	155 134
川东北渝东北	29 453	10 176	14 963
川南渝西地区	73 979	20 326	46 298
重庆			
渝中区	4818	1961	3231
大渡口区	3816	707	2320
江北区	13 912	3031	11 643
沙坪坝区	25 246	7350	12 018
九龙坡区	16 881	3858	10 828
南岸区	16 140	4448	8230
北碚区	13 978	3735	8002
渝北区	35 146	8958	23 153
巴南区	10 984	3068	6819
涪陵区	9391	2831	5438
长寿区	8050	2093	4986
江津区	8191	1945	5226
合川区	4733	1516	2826

续表

区域	R&D 人员	# 女性	# 全时人员
永川区	8547	2563	5597
南川区	1964	446	1197
綦江区	2423	531	1748
潼南区	832	196	578
铜梁区	4974	1175	3811
大足区	3859	997	3018
荣昌区	2567	867	1812
璧山区	8974	1842	6482
万州区	5554	2110	3211
梁平区	1347	298	636
丰都县	331	86	229
垫江县	1618	338	1344
忠　县	944	211	562
开州区	927	280	599
云阳县	686	219	518
黔江区	605	249	355
四川			
成都市	211 995	54 270	135 242
自贡市	5688	1630	3064
泸州市	12 267	3882	7181
德阳市	17 993	4194	11 770
绵阳市	39 506	9055	29 783
遂宁市	4969	1757	3121
内江市	7628	2166	3851
乐山市	7039	1958	3653
南充市	11 430	4552	4658
眉山市	9638	2396	6692
宜宾市	17 835	4570	10 990
广安市	3971	1095	2352
达州市	6616	2082	3206
雅安市	5739	1607	3202
资阳市	2489	640	1430

R&D人员折合全时当量（2023年）

单位：人年

区域	R&D人员折合全时当量	# 研究人员	按活动类型分		
			基础研究	应用研究	试验发展
川渝合计	**392 176**	**190 663**	**33 671**	**65 107**	**293 400**
重庆	142 118	66 310	11 279	22 126	108 714
四川	250 058	124 353	22 392	42 981	184 686
成渝地区双城经济圈	**383 001**	**186 969**	**33 207**	**63 755**	**286 039**
# 占川渝比重（%）	**97.66**	**98.06**	**98.62**	**97.92**	**97.49**
重庆都市圈	135 641	63 204	10 829	20 599	104 213
成都都市圈	162 473	85 850	15 109	30 081	117 281
川东北渝东北	16 355	6714	1613	3120	11 624
川南渝西地区	47 877	17 742	3148	5225	39 504
重庆					
渝中区	3207	2100	1572	883	753
大渡口区	2632	1004		56	2575
江北区	9815	4951	121	1269	8425
沙坪坝区	13 835	9757	3346	4902	5585
九龙坡区	11 509	4785	359	1273	9877
南岸区	8873	5294	1406	2072	5394
北碚区	8465	4621	1252	1938	5276
渝北区	22 760	11 416	1038	3352	18 371
巴南区	7463	3419	415	935	6112
涪陵区	5899	2157	211	591	5097
长寿区	5643	1804	51	143	5449
江津区	5189	1785	165	639	4385
合川区	3104	1071	61	321	2722
永川区	5665	1974	266	920	4479
南川区	1499	443	23	62	1414
綦江区	1961	608	10	115	1836
潼南区	559	167	53	8	498
铜梁区	3642	983	6	93	3543

续表

区域	R&D 人员折合全时当量	# 研究人员	按活动类型分		
			基础研究	应用研究	试验发展
大足区	2984	1255	30	109	2845
荣昌区	1796	820	222	170	1404
璧山区	6436	2216	163	665	5609
万州区	3130	1650	435	675	2022
梁平区	823	209	21	103	699
丰都县	249	132	1	20	228
垫江县	1105	257	2	254	850
忠　县	500	144	7	32	461
开州区	644	179	8	43	593
云阳县	381	170	3	39	338
黔江区	380	235	18	157	205
四川					
成都市	143 120	78 953	14 644	27 015	101 457
自贡市	3179	1415	125	706	2348
泸州市	7949	3270	1665	931	5353
德阳市	11 485	4600	411	2808	8266
绵阳市	30 978	16 241	1999	5446	23 533
遂宁市	3290	948	41	235	3014
内江市	4081	1543	176	496	3409
乐山市	4143	1542	285	354	3504
南充市	5815	2825	958	1416	3441
眉山市	6359	1794	40	218	6102
宜宾市	11 431	4089	483	1046	9902
广安市	2705	574	59	83	2564
达州市	3708	1148	178	538	2992
雅安市	3101	1918	864	584	1653
资阳市	1509	503	14	40	1456

按类型分R&D经费内部支出情况（2023年）

区域	R&D经费内部支出（万元）	按活动类型分（万元）			R&D经费投入强度（%）
		基础研究	应用研究	试验发展	
川渝合计	**21 044 736**	**1 247 189**	**3 268 776**	**16 528 771**	
重庆	7 466 710	363 026	835 816	6 267 868	2.48
四川	13 578 026	884 163	2 432 960	10 260 903	2.26
成渝地区双城经济圈	20 655 393	1 232 008	3 224 859	16 198 531	
# 占川渝比重（%）	98.15	98.78	98.66	98.00	
重庆都市圈	7 060 692	340 258	770 728	5 949 703	
成都都市圈	9 058 254	665 934	1 764 610	6 627 715	
川东北渝东北	680 547	48 294	100 065	532 196	
川南渝西地区	2 279 206	57 256	160 410	2 061 536	
重庆					
渝中区	97 879	48 667	17 647	31 565	0.60
大渡口区	196 268	5	2679	193 583	5.41
江北区	839 044	5316	68 809	764 919	4.81
沙坪坝区	521 098	127 930	197 034	196 134	4.57
九龙坡区	501 672	14 109	50 423	437 140	2.69
南岸区	382 736	47 496	94 504	240 737	3.88
北碚区	349 603	40 597	67 046	241 959	4.46
渝北区	1 291 911	17 760	97 368	1 176 783	5.29
巴南区	351 136	9635	32 987	308 513	3.21
涪陵区	423 169	2902	21 877	398 389	2.60
长寿区	385 480	883	6425	378 172	4.03
江津区	313 767	3513	26 124	284 129	2.24
合川区	103 015	969	9501	92 546	1.01
永川区	343 095	7755	30 544	304 795	2.68
南川区	75 671	2007	3098	70 565	1.74
綦江区	75 336	318	2713	72 305	1.04
潼南区	12 744	240	543	11 962	0.29
铜梁区	206 955	75	2720	204 160	2.65

续表

区域	R&D 经费内部支出（万元）	按活动类型分（万元）			R&D 经费投入强度（%）
		基础研究	应用研究	试验发展	
大足区	197 106	483	2780	193 843	2.75
荣昌区	69 748	4349	7089	58 310	1.00
璧山区	262 876	4012	27 234	231 630	2.67
万州区	172 572	20 206	33 390	118 984	1.46
梁平区	23 575	752	4560	18 263	0.44
丰都县	10 362	34	442	9886	0.26
垫江县	45 523	62	6722	38 738	0.80
忠　县	40 773	258	1506	39 010	0.76
开州区	33 093	308	1987	30 798	0.48
云阳县	47 602	737	5230	41 635	0.79
黔江区	10 243	307	3487	6448	0.34
四川					
成都市	8 241 224	659 766	1 663 070	5 918 390	3.73
自贡市	142 230	4260	20 513	117 456	0.81
泸州市	313 233	21 199	25 322	266 712	1.15
德阳市	537 652	5256	96 145	436 252	1.78
绵阳市	2 362 496	108 758	460 317	1 793 420	5.85
遂宁市	124 488	1832	8753	113 903	0.73
内江市	161 371	3473	10 950	146 949	0.89
乐山市	166 105	10 664	7153	148 287	0.68
南充市	201 204	21 838	37 346	142 020	0.74
眉山市	247 304	211	4542	242 552	1.42
宜宾市	456 365	11 831	31 655	412 877	1.20
广安市	60 383	1237	1583	57 564	0.40
达州市	105 843	4099	8882	92 862	0.40
雅安市	119 369	15 198	21 306	82 865	1.18
资阳市	32 074	701	853	30 521	0.31

按用途分R&D经费内部支出情况（2023年）

单位：万元

区域	R&D经费内部支出	按支出用途分			
		日常性支出	# 人员劳务费	资产性支出	# 仪器和设备
川渝合计	21 044 736	18 627 819	6 764 739	2 351 628	1 723 022
重庆	7 466 710	6 760 089	2 245 163	641 332	520 116
四川	13 578 026	11 867 730	4 519 576	1 710 296	1 202 906
成渝地区双城经济圈	20 655 393	18 270 679	6 667 630	2 320 751	1 694 622
# 占川渝比重（%）	98.15	98.08	98.56	98.69	98.35
重庆都市圈	7 060 692	6 400 325	2 164 284	600 269	493 285
成都都市圈	9 058 254	7 936 505	3 330 287	1 119 250	789 592
川东北渝东北	680 547	615 114	177 746	61 648	33 960
川南渝西地区	2 279 206	2 107 603	570 449	164 022	129 345
重庆					
渝中区	97 879	71 928	32 499	25 249	4054
大渡口区	196 268	186 732	56 827	9521	9309
江北区	839 044	792 830	265 021	37 969	41 623
沙坪坝区	521 098	462 010	162 691	58 068	24 707
九龙坡区	501 672	441 180	173 364	47 199	58 042
南岸区	382 736	327 627	156 146	54 070	19 245
北碚区	349 603	307 070	118 109	40 121	23 779
渝北区	1 291 911	1 163 810	497 748	121 308	113 762
巴南区	351 136	324 360	107 189	19 339	23 848
涪陵区	423 169	393 215	90 710	27 571	26 702
长寿区	385 480	361 902	94 567	23 318	22 548
江津区	313 767	294 648	65 266	13 222	16 702
合川区	103 015	94 099	28 922	8003	5916
永川区	343 095	317 047	59 307	25 759	14 068
南川区	75 671	70 512	17 048	4489	3872
綦江区	75 336	70 183	21 067	4468	5080
潼南区	12 744	12 179	5086	451	394
铜梁区	206 955	187 741	43 882	19 098	18 215

续表

区域	R&D经费内部支出	按支出用途分			
		日常性支出	# 人员劳务费	资产性支出	# 仪器和设备
大足区	197 106	193 207	41 075	3887	3574
荣昌区	69 748	62 158	17 085	7010	2924
璧山区	262 876	216 431	90 156	39 222	44 581
万州区	172 572	149 216	39 575	23 348	6413
梁平区	23 575	20 141	4850	1450	3470
丰都县	10 362	10 171	3004	102	183
垫江县	45 523	43 985	12 091	1373	1407
忠　县	40 773	39 201	6335	893	1596
开州区	33 093	31 307	5862	975	1816
云阳县	47 602	44 542	5204	3011	2874
黔江区	10 243	8578	3755	1586	940
四川					
成都市	8 241 224	7 191 067	3 065 520	1 047 659	726 542
自贡市	142 230	127 055	41 249	10 001	5697
泸州市	313 233	280 943	78 273	32 290	21 839
德阳市	537 652	492 934	177 689	44 718	37 579
绵阳市	2 362 496	1 949 872	589 946	412 625	276 443
遂宁市	124 488	115 197	23 821	9291	8724
内江市	161 371	151 755	54 283	9617	8959
乐山市	166 105	151 836	32 741	14 268	13 784
南充市	201 204	179 707	66 431	21 496	7687
眉山市	247 304	225 611	67 532	21 693	20 489
宜宾市	456 365	422 866	148 962	38 670	32 287
广安市	60 383	49 456	20 519	10 927	10 340
达州市	105 843	96 844	34 394	9000	8514
雅安市	119 369	110 633	22 283	11 236	9112
资阳市	32 074	26 893	19 546	5180	4982

按来源分R&D经费内部支出情况（2023年）

单位：万元

区域	R&D经费内部支出	按资金来源分			
		政府资金	企业资金	境外资金	其他资金
川渝合计	21 044 736	5 496 847	14 530 227	13 710	1 003 951
重庆	7 466 710	938 160	6 253 084	1935	273 531
四川	13 578 026	4 558 687	8 277 143	11 775	730 420
成渝地区双城经济圈	20 655 393	5 445 442	14 197 330	13 707	998 909
# 占川渝比重（%）	98.15	99.06	97.71	99.98	99.50
重庆都市圈	7 060 692	842 827	5 968 152	1935	247 773
成都都市圈	9 058 254	3 006 680	5 540 832	11 720	499 023
川东北渝东北	680 547	127 030	510 963	12	42 543
川南渝西地区	2 279 206	191 896	2 052 633	500	34 172
重庆					
渝中区	97 879	65 888	27 252		4739
大渡口区	196 268	1610	194 612		46
江北区	839 044	47 334	773 524		18 186
沙坪坝区	521 098	148 033	321 595	86	51 384
九龙坡区	501 672	69 976	389 301	110	42 284
南岸区	382 736	91 892	267 904	755	22 185
北碚区	349 603	89 855	249 843	28	9877
渝北区	1 291 911	155 514	1 095 476	32	40 889
巴南区	351 136	26 357	307 421		17 357
涪陵区	423 169	18 469	400 601		4099
长寿区	385 480	3080	381 786		614
江津区	313 767	12 080	289 813	493	11 380
合川区	103 015	9986	89 502		3527
永川区	343 095	23 688	314 408		4998
南川区	75 671	10 172	64 385		1113
綦江区	75 336	4299	69 898		1138
潼南区	12 744	1472	11 104		169
铜梁区	206 955	7961	197 978		1015

续表

区域	R&D经费内部支出	按资金来源分			
		政府资金	企业资金	境外资金	其他资金
大足区	197 106	12 389	184 464		253
荣昌区	69 748	23 804	45 085		859
璧山区	262 876	15 485	235 412	431	11 549
万州区	172 572	53 764	102 126		16 682
梁平区	23 575	3904	16 730		2941
丰都县	10 362	2431	7799		132
垫江县	45 523	1223	44 056		244
忠　县	40 773	1062	38 705		1007
开州区	33 093	2087	29 804		1202
云阳县	47 602	4082	43 324		196
黔江区	10 243	4895	4280		1067
四川					
成都市	8 241 224	2 964 191	4 775 549	11 716	489 767
自贡市	142 230	13 468	121 849		1741
泸州市	313 233	31 936	274 049	7	7241
德阳市	537 652	33 392	495 695	4	8562
绵阳市	2 362 496	1 315 132	863 755	1	183 607
遂宁市	124 488	2515	121 534		439
内江市	161 371	11 595	148 875		901
乐山市	166 105	7816	156 312	32	1945
南充市	201 204	50 707	131 960	12	18 525
眉山市	247 304	6488	240 413		404
宜宾市	456 365	50 676	406 214		4646
广安市	60 383	3483	56 788		112
达州市	105 843	7770	96 459		1614
雅安市	119 369	30 872	80 515		7983
资阳市	32 074	2609	29 175		290

R&D 经费外部支出（2023 年）

单位：万元

区域	R&D 经费外部支出	对境内研究机构支出	对境内高等学校支出	对境内企业支出	对境外支出
川渝合计	183 3489	756 835	96 733	911 548	67 966
重庆	471 779	47 825	23 961	345 759	53 827
四川	136 1710	709 010	72 772	565 789	14 139
成渝地区双城经济圈	179 9767	745 348	92 589	893 582	67 916
# 占川渝比重（%）	98.16	98.48	95.72	98.03	99.93
重庆都市圈	461 754	46 494	23 813	337 290	53 827
成都都市圈	923 513	440 882	52 240	421 480	8911
川东北渝东北	14 354	4953	682	8717	
川南渝西地区	67 258	9217	8104	47 843	2088
重庆					
渝中区	8002	2753	2462	2786	
大渡口区	24 892	1077	404	23 411	
江北区	136 307	4587	3143	81 373	47 174
沙坪坝区	20 429	8309	1793	6651	3640
九龙坡区	17 128	8215	1059	7853	
南岸区	26 053	1442	1709	22 159	742
北碚区	16 161	3746	4100	7964	161
渝北区	158 109	6965	5624	145 475	46
巴南区	2132	318	44	1519	187
涪陵区	6283	2598	1081	2602	
长寿区	24 422	307	490	23 624	
江津区	2662	345	555	444	1317
合川区	4287	16	280	3990	
永川区	788	47	99	534	103
南川区	228	7	5	216	
綦江区	444	2	2	441	
潼南区	255		43	212	
铜梁区	1648	1218	7	423	

续表

区域	R&D经费外部支出	对境内研究机构支出	对境内高等学校支出	对境内企业支出	对境外支出
大足区	66		27	39	
荣昌区	4311	6		4305	
璧山区	7075	4536	876	1207	457
万州区	897	230	28	639	
梁平区	10		10		
丰都县	68			68	
垫江县	231	51		180	
忠　县	937	937			
开州区					
云阳县	645		30	615	
黔江区	307	74		233	
四川					
成都市	901 311	437 251	50 520	404 667	8873
自贡市	9670	622	1193	7621	234
泸州市	12 919	1436	4480	6584	419
德阳市	7546	3324	1068	3120	34
绵阳市	328 816	242 072	6569	75 805	4370
遂宁市	757	100	380	137	140
内江市	7460	4471	21	2952	15
乐山市	5468	682	926	3860	
南充市	524	92	139	292	
眉山市	13 882	211	624	13 043	4
宜宾市	27 290	1070	1720	24 500	
广安市	72		10	62	
达州市	11 042	3643	475	6923	
雅安市	7459	2492	565	4403	
资阳市	774	96	28	650	

企业

规上工业企业基本情况（2023年）

区域	企业数（家）	# 有R&D活动	# 有研发机构	# 有新产品销售	营业收入（万元）	利润总额（万元）
川渝合计	**26 247**	**7155**	**3865**	**6697**	**770 290 920**	**60 687 128**
重庆	7710	2924	1889	3283	275 349 350	14 768 447
四川	18 537	4231	1976	3414	494 941 569	45 918 681
成渝地区双城经济圈	**23 713**	**6817**	**3756**	**6371**	**447 403 285**	**40 739 188**
# 占川渝比重（%）	90.35	95.28	97.18	95.13	93.17	90.17
重庆都市圈	6959	2626	1771	2884	258 979 732	13 554 684
成都都市圈	7391	2170	1041	1781	240 825 549	15 379 207
川东北渝东北	2927	679	355	640	41 625 461	2 853 628
川南渝西地区	5600	1576	909	1507	147 812 622	16 915 500
重庆						
渝中区	2	2			223 122	4470
大渡口区	86	48	24	41	3 397 558	258 371
江北区	145	55	24	66	19 714 240	409 684
沙坪坝区	221	43	19	64	24 686 746	194 498
九龙坡区	480	217	104	216	14 660 605	618 423
南岸区	180	85	53	84	10 294 663	591 231
北碚区	326	101	51	132	9 730 394	709 327
渝北区	438	205	101	221	39 690 213	890 643
巴南区	344	128	128	133	9 837 621	871 655
涪陵区	337	142	141	158	24 943 421	1 614 876
长寿区	297	168	61	111	14 823 175	275 164
江津区	583	163	92	197	19 865 925	1 582 460
合川区	279	144	76	139	4 572 932	197 389
永川区	367	165	120	149	18 033 293	1 915 224

续表

区域	企业数（家）	# 有R&D活动	# 有研发机构	# 有新产品销售	营业收入（万元）	利润总额（万元）
南川区	138	80	72	85	2 646 320	259 017
綦江区	293	76	38	98	5 841 999	367 411
潼南区	147	37	29	49	1 368 313	44 001
铜梁区	379	189	114	218	7 564 034	383 412
大足区	388	162	151	161	4 444 645	448 493
荣昌区	407	85	100	187	3 587 303	292 839
璧山区	491	198	135	261	11 280 893	923 338
万州区	194	62	40	58	6 430 905	502 055
梁平区	126	43	30	52	910 903	7924
丰都县	74	14	12	21	1 016 106	58 841
垫江县	146	61	23	78	2 236 927	122 935
忠　县	85	37	14	21	1 950 475	101 283
开州区	137	46	42	74	2 859 350	64 634
云阳县	141	53	48	58	1 928 137	158 788
黔江区	48	8	5	9	1 774 744	114 848
四川						
成都市	4584	1511	798	1317	179 861 401	10 411 916
自贡市	585	107	76	122	6 035 697	481 591
泸州市	948	305	113	162	21 533 782	4 342 087
德阳市	1525	376	109	235	41 214 873	3 867 841
绵阳市	1406	304	169	289	40 382 764	2 344 219
遂宁市	642	119	57	130	16 752 506	2 098 995
内江市	644	135	33	83	11 957 736	943 708
乐山市	733	110	38	89	20 368 005	5 881 597
南充市	970	241	74	198	11 480 462	868 724
眉山市	941	245	123	201	17 222 335	1 039 389
宜宾市	1006	189	72	130	48 948 208	6 158 275
广安市	631	133	138	114	7 772 318	702 757
达州市	1054	122	72	80	12 812 195	968 444
雅安市	424	65	26	52	8 534 062	569 583
资阳市	341	38	11	28	2 526 941	60 061

规上工业企业 R&D 人员（2023 年）

区域	R&D人员（人）	# 女性	# 研究人员	# 全时人员	R&D人员折合全时当量（人年）
川渝合计	**306 574**	**69 574**	**99 691**	**217 385**	**214 876**
重庆	122 590	27 633	39 121	89 336	86 802
四川	183 984	41 941	60 570	128 049	128 074
成渝地区双城经济圈	**297 291**	**67 808**	**97 203**	**212 155**	**208 772**
# 占川渝比重（%）	96.97	97.46	97.50	97.59	97.16
重庆都市圈	116 482	25 988	37 548	85 222	83 231
成都都市圈	100 158	23 425	35 628	73 170	70 775
川东北渝东北	15 957	3975	3787	10 540	10 318
川南渝西地区	54 602	12 311	15 576	37 148	37 425
重庆					
渝中区	165	43	94	5	126
大渡口区	2547	554	878	1774	1800
江北区	11 762	2471	5818	10 373	8442
沙坪坝区	4815	1274	1727	4067	3972
九龙坡区	10 378	2029	3217	6998	7047
南岸区	4116	844	1331	3017	3105
北碚区	6354	1437	2135	4668	4552
渝北区	14 028	3079	4925	10 465	8857
巴南区	6463	1324	2329	4910	5123
涪陵区	7198	1876	1967	4626	4913
长寿区	7578	1938	2270	4737	5382
江津区	6380	1287	1689	4376	4235
合川区	3572	886	892	2377	2575
永川区	5886	1321	1464	4480	4431
南川区	1491	268	325	891	1101
綦江区	2170	453	531	1551	1761
潼南区	672	148	173	484	433
铜梁区	4575	1029	1058	3514	3346

续表

区域	R&D 人员（人）	# 女性	# 研究人员	# 全时人员	R&D 人员折合全时当量（人年）
大足区	3417	795	1299	2747	2669
荣昌区	1993	616	620	1289	1264
璧山区	7553	1468	2200	5630	5604
万州区	2433	637	642	1705	1489
梁平区	1051	234	151	470	646
丰都县	192	57	49	129	145
垫江县	1505	315	301	1276	1019
忠　县	835	187	213	495	432
开州区	830	261	204	548	591
云阳县	575	180	155	419	282
黔江区	218	92	63	166	144
四川					
成都市	74 848	17 800	27 573	55 609	53 897
自贡市	3396	757	1137	2217	2238
泸州市	7057	1779	2056	4189	4924
德阳市	14 778	3260	5276	9937	9698
绵阳市	22 129	4445	7842	16 061	16 841
遂宁市	4253	1330	1166	3049	2878
内江市	5347	1128	1285	3200	3125
乐山市	5506	1217	1635	3280	3505
南充市	4001	968	1023	2719	2790
眉山市	8781	1979	2242	6345	5955
宜宾市	14 381	3146	4437	9585	9432
广安市	3369	848	606	2243	2493
达州市	4535	1136	1049	2779	2924
雅安市	2407	526	619	1476	1361
资阳市	1751	386	537	1279	1225

规上工业企业R&D经费内部支出（2023年）

单位：万元

区域	R&D经费内部支出	按支出用途分				按资金来源分			
		日常性支出	# 人员劳务费	资产性支出	# 仪器和设备	政府资金	企业资金	境外资金	其他资金
川渝合计	10 717 264	9 868 232	3 296 411	849 032	834 105	302 165	10 391 547	5318	18 234
重庆	4 999 041	4 677 453	1 416 572	321 588	315 939	77 515	4 910 451	1067	10 008
四川	5 718 223	5 190 779	1 879 839	527 444	518 166	224 650	5 481 096	4251	8226
成渝地区双城经济圈	10 442 852	9 615 077	3 242 531	827 772	813 497	300 078	10 119 220	5317	18 235
# 占川渝比重（%）	97.44	97.43	98.37	97.50	97.53	99.31	97.38	99.98	100.00
重庆都市圈	4 726 932	4 420 785	1 375 035	306 146	300 799	76 117	4 639 864	1066	9883
成都都市圈	3 161 181	2 849 092	1 152 100	312 090	306 743	153 264	2 998 847	4251	4820
川东北渝东北	482 937	458 632	102 105	24 301	23 462	6090	476 687		159
川南渝西地区	1 972 967	1 865 534	486 879	107 433	104 973	39 844	1 927 060	493	5568
重庆									
渝中区	6535	6535	5490				6535		
大渡口区	93 719	84 318	35 486	9401	9175	1532	92 187		
江北区	766 820	737 353	240 611	29 467	28 955	27 662	739 158		
沙坪坝区	147 749	141 826	62 644	5923	5898	1389	145 145		1215
九龙坡区	324 530	293 212	105 444	31 318	30 377	14 076	310 046	110	297
南岸区	106 692	100 838	47 953	5854	5840	2149	104 236		307
北碚区	212 850	195 677	75 389	17 173	17 140	7793	203 180		1878
渝北区	555 328	500 306	195 448	55 022	54 579	7556	545 536	32	2204
巴南区	256 889	244 763	81 822	12 125	11 931	3899	252 988		1
涪陵区	386 576	365 034	80 173	21 542	21 250	993	385 404		179
长寿区	373 883	351 607	91 230	22 277	22 114	583	373 300		
江津区	270 981	262 702	56 628	8279	8082	1591	267 389	493	1508
合川区	85 703	81 101	24 501	4601	4410	423	85 280		
永川区	295 659	283 673	49 885	11 985	11 869	2509	291 762		1388
南川区	55 535	53 768	10 207	1768	1745	928	54 607		
綦江区	68 546	64 644	18 314	3902	3826	195	68 350		
潼南区	10 892	10 751	4389	141	136	128	10 764		
铜梁区	196 466	178 786	40 549	17 680	17 286	1361	195 105		

续表

区域	R&D经费内部支出	按支出用途分				按资金来源分			
		日常性支出	#人员劳务费	资产性支出	#仪器和设备	政府资金	企业资金	境外资金	其他资金
大足区	183 569	180 192	35 602	3377	3294	82	183 391		96
荣昌区	45 092	43 956	9889	1136	969	577	44 515		
璧山区	226 556	193 277	84 696	33 279	32 402	97	225 218	431	810
万州区	95 725	91 281	17 818	4443	4347	619	95 105		
梁平区	14 778	14 092	3434	686	647		14 778		
丰都县	7555	7487	1194	68	57		7555		
垫江县	42 823	41 620	10 929	1203	1066	115	42 708		
忠　县	38 087	37 455	5971	631	630	50	38 037		
开州区	29 999	29 336	5536	663	662	993	29 006		
云阳县	43 451	40 458	3782	2992	2805	50	43 276		125
黔江区	4201	4035	1020	166	166	5	4196		
四川									
成都市	2 442 027	2 191 654	915 067	250 373	246 851	130 499	2 302 897	4251	4381
自贡市	113 670	108 495	37 110	5177	5092	3782	109 888		
泸州市	257 855	238 141	65 127	19 713	19 011	5962	250 260		1633
德阳市	469 903	433 805	159 738	36 098	35 384	15 945	453 610		348
绵阳市	813 768	719 317	276 851	94 451	93 487	25 027	788 741		
遂宁市	117 015	109 165	21 061	7849	7529	1077	115 666		272
内江市	139 617	131 099	42 662	8518	8318	638	138 916		63
乐山市	145 488	132 518	23 666	12 971	12 940	1020	143 944		525
南充市	118 384	113 071	26 700	5312	5177	3034	115 315		34
眉山市	231 237	209 998	63 254	21 240	20 141	5613	225 533		91
宜宾市	401 512	373 846	131 113	27 666	27 226	23 147	377 484		880
广安市	56 362	46 466	18 685	9896	9521	594	55 768		
达州市	92 135	83 832	26 741	8303	8071	1229	90 907		
雅安市	78 676	69 952	14 681	8724	8724	3949	74 727		
资阳市	18 014	13 635	14 041	4379	4367	1207	16 807		

规上工业企业 R&D 经费外部支出（2023 年）

单位：万元

区域	R&D 经费外部支出	# 对境内研究机构支出	# 对境内高等学校支出
川渝合计	625 916	71 849	45 707
重庆	292 233	25 922	12 786
四川	333 683	45 927	32 921
成渝地区双城经济圈	594 903	61 250	42 737
# 占川渝比重（%）	95.05	85.25	93.50
重庆都市圈	282 766	24 765	12 704
成都都市圈	207 852	19 060	18 699
川东北渝东北	14 002	4787	569
川南渝西地区	64 483	8362	7864
重庆			
渝中区	3369	1242	1272
大渡口区	24 883	1077	404
江北区	135 029	3545	3125
沙坪坝区	6599	2294	385
九龙坡区	10 623	2431	997
南岸区	6638	514	377
北碚区	6938	84	48
渝北区	35 895	4504	2915
巴南区	1532	258	13
涪陵区	5896	2441	970
长寿区	24 243	307	412
江津区	2648	345	555
合川区	4287	16	280
永川区	507	21	51
南川区	4		
綦江区	444	2	2
潼南区	212		
铜梁区	1648	1218	7

续表

区域	R&D经费外部支出	# 对境内研究机构支出	# 对境内高等学校支出
大足区	35		27
荣昌区	4311	6	
璧山区	6963	4460	864
万州区	709	82	13
梁平区			
丰都县	68		
垫江县	231	51	
忠　县	937	937	
开州区			
云阳县	645		30
黔江区			
四川			
成都市	188 248	16 563	17 094
自贡市	8521	542	1186
泸州市	12 256	1155	4341
德阳市	6024	2202	1048
绵阳市	25 693	4955	2126
遂宁市	709	93	379
内江市	7445	4470	19
乐山市	5403	668	901
南充市	395	77	60
眉山市	13 365	202	529
宜宾市	26 668	603	1676
广安市	62		
达州市	11 017	3640	466
雅安市	3588	152	137
资阳市	215	93	28

规上工业企业办研发机构（2023年）

区域	机构数（个）	机构人员数（人）	# 博士和硕士	机构经费支出（万元）	机构仪器和设备原价（万元）
川渝合计	4372	176 113	23 555	7 960 114	8 982 850
重庆	2033	75 382	8895	3 933 392	5 924 802
四川	2339	100 731	14 660	4 026 722	3 058 048
成渝地区双城经济圈	4266	171 663	23 096	7 724 886	8 855 187
# 占川渝比重（%）	97.58	97.47	98.05	97.04	98.58
重庆都市圈	1902	72 994	8626	3 839 490	5 818 840
成都都市圈	1235	54 754	9837	2 208 602	1 931 727
川东北渝东北	380	9687	907	246 754	199 158
川南渝西地区	1028	26 658	2721	1 344 860	800 449
重庆					
渝中区					
大渡口区	26	1285	513	90 588	61 392
江北区	39	9981	1796	819 297	247 242
沙坪坝区	24	2489	249	82 899	58 699
九龙坡区	117	4955	666	175 925	427 938
南岸区	67	2338	298	88 415	90 370
北碚区	62	5344	913	244 394	144 265
渝北区	108	7972	1172	434 595	228 224
巴南区	140	4209	242	232 691	558 361
涪陵区	148	5848	259	376 524	3 225 114
长寿区	68	3361	779	164 962	151 919
江津区	102	4000	274	198 981	110 506
合川区	81	1510	106	47 156	37 015
永川区	120	3270	129	222 736	76 177
南川区	73	1034	44	55 209	25 649
綦江区	38	924	99	28 909	23 101
潼南区	30	291	34	6338	5390
铜梁区	116	2406	77	126 313	72 150

续表

区域	机构数（个）	机构人员数（人）	#博士和硕士	机构经费支出（万元）	机构仪器和设备原价（万元）
大足区	157	2075	156	168 668	55 804
荣昌区	106	1617	199	43 461	34 830
璧山区	138	5313	491	189 241	143 618
万州区	46	1641	120	32 609	41 451
梁平区	33	522	36	11 601	4061
丰都县	12	148	10	2018	1588
垫江县	23	756	50	23 782	12 062
忠县	17	280	19	15 538	11 674
开州区	42	723	69	22 081	8753
云阳县	52	360	56	11 403	12 630
黔江区	5	60	1	1400	1918
四川					
成都市	953	40 055	7712	1 640 231	1 405 166
自贡市	89	2785	451	91 034	82 817
泸州市	144	2182	305	122 311	123 907
德阳市	133	7796	1514	348 535	249 206
绵阳市	202	15 202	1461	544 605	251 173
遂宁市	70	2725	193	88 180	72 652
内江市	36	1593	303	61 211	55 193
乐山市	50	3105	202	217 572	133 941
南充市	75	1634	240	42 247	34 270
眉山市	134	5560	478	205 443	257 367
宜宾市	120	5806	728	281 236	165 964
广安市	142	2772	130	42 188	41 076
达州市	80	3623	307	85 475	72 669
雅安市	33	770	82	22 491	17 897
资阳市	15	1343	133	14 393	19 988

规上工业企业新产品情况（2023 年）

区域	新产品开发项目数（项）	新产品开发经费支出（万元）	新产品销售收入（万元）	# 出口
川渝合计	55 792	11 461 025	136 682 166	16 293 170
重庆	23 069	5 534 886	75 867 349	12 903 945
四川	32 723	5 926 139	60 814 817	3 389 225
成渝地区双城经济圈	54 495	11 109 161	133 999 668	16 229 532
# 占川渝比重（%）	97.68	96.93	98.04	99.61
重庆都市圈	22 014	5 280 351	71 287 097	12 905 268
成都都市圈	21 053	3 286 926	27 687 834	2 095 019
川东北渝东北	2460	560 243	6 085 233	54 231
川南渝西地区	8680	2 030 638	26 003 971	1 038 777
重庆				
渝中区	40	7994		
大渡口区	572	85 281	1 520 882	55 881
江北区	1288	916 444	14 177 646	1 777 514
沙坪坝区	641	167 723	7 176 690	6 223 530
九龙坡区	1845	320 642	4 224 934	369 014
南岸区	1267	124 495	1 940 982	68 846
北碚区	2060	297 243	2 301 228	646 240
渝北区	3160	621 005	8 580 731	1 386 432
巴南区	1225	265 634	3 491 790	731 026
涪陵区	1075	455 355	5 026 556	242 258
长寿区	830	280 882	3 081 087	356 567
江津区	1341	349 433	4 207 736	176 001
合川区	779	153 238	879 503	61 743
永川区	861	309 636	3 287 630	91 987
南川区	285	66 739	626 621	4353
綦江区	452	84 044	1 644 393	37 459
潼南区	181	16 371	237 801	4530
铜梁区	851	211 171	2 894 580	132 452

续表

区域	新产品开发项目数（项）	新产品开发经费支出（万元）	新产品销售收入（万元）	# 出口
大足区	629	189 712	1 335 832	43 978
荣昌区	506	65 409	1 096 511	65 008
璧山区	1563	216 413	3 178 835	390 984
万州区	349	81 187	1 623 971	8957
梁平区	163	25 556	204 607	8515
丰都县	48	11 565	64 634	1399
垫江县	167	34 315	686 320	808
忠　县	112	35 195	330 455	7405
开州区	316	49 692	1 098 160	385
云阳县	105	42 474	349 244	7441
黔江区	91	5707	69 640	515
四川				
成都市	17 071	2 546 648	19 684 545	1 709 181
自贡市	1024	142 243	1 657 300	139 946
泸州市	1131	238 949	1 204 109	19 332
德阳市	2203	442 625	4 949 828	220 764
绵阳市	3195	751 641	9 805 586	573 329
遂宁市	675	142 266	2 286 583	37 959
内江市	592	110 874	1 539 994	5616
乐山市	636	176 658	4 625 795	64 898
南充市	691	146 472	567 749	12 476
眉山市	1346	250 306	2 822 936	98 564
宜宾市	1293	329 167	7 135 886	326 998
广安市	563	75 487	375 129	39 465
达州市	509	133 787	1 160 093	6845
雅安市	331	84 136	614 611	6421
资阳市	433	47 347	230 525	66 510

规上工业企业自主知识产权及相关情况（2023年）

区域	专利申请量（件）	# 发明专利	发明专利有效量（件）	拥有注册商标数（件）	形成国家或行业标准数（项）
川渝合计	68 886	28 505	92 337	74 357	2348
重庆	27 116	11 321	29 767	22 450	605
四川	41 770	17 184	62 570	51 907	1743
成渝地区双城经济圈	66 473	27 786	89 359	72 968	2312
# 占川渝比重（%）	96.50	97.48	96.77	98.13	98.47
重庆都市圈	25 621	10 938	28 273	21 049	576
成都都市圈	26 420	12 186	41 254	27 314	1381
川东北渝东北	3149	816	2714	2042	61
川南渝西地区	8081	2272	9371	14 758	195
重庆					
渝中区	385	227	753		
大渡口区	699	321	469	339	6
江北区	7613	4813	3748	3722	61
沙坪坝区	466	157	889	379	20
九龙坡区	2103	707	3562	1868	65
南岸区	1143	360	1325	1352	68
北碚区	1387	554	2058	1809	45
渝北区	2285	780	3611	4270	97
巴南区	1096	230	2297	983	25
涪陵区	714	167	773	560	30
长寿区	1379	788	1631	785	23
江津区	1425	442	1207	1065	19
合川区	491	139	893	1339	39
永川区	336	80	401	382	
南川区	150	41	217	121	1
綦江区	555	156	645	417	9
潼南区	135	34	236	105	5
铜梁区	734	149	624	374	20

续表

区域	专利申请量（件）	# 发明专利	发明专利有效量（件）	拥有注册商标数（件）	形成国家或行业标准数（项）
大足区	279	74	441	126	10
荣昌区	332	119	516	270	8
璧山区	1324	448	1533	496	7
万州区	521	123	544	390	13
梁平区	350	142	186	63	4
丰都县	45	9	100	12	
垫江县	197	56	160	429	2
忠　县	58	22	105	113	1
开州区	250	68	219	131	6
云阳县	109	13	59	129	9
黔江区	74	16	66	45	
四川					
成都市	21 721	10 597	34 681	20 561	1183
自贡市	809	255	1502	623	72
泸州市	920	264	1188	5482	17
德阳市	2443	876	3930	4286	122
绵阳市	4284	1867	8033	6160	72
遂宁市	1071	267	1372	2571	11
内江市	610	201	982	852	11
乐山市	931	248	1543	1397	65
南充市	810	223	629	394	8
眉山市	1796	598	2240	1971	67
宜宾市	2081	532	1865	5167	29
广安市	590	152	444	287	18
达州市	809	160	712	381	18
雅安市	503	196	567	266	17
资阳市	460	115	403	496	9

规上工业企业相关政策落实（2023年）

单位：万元

区域	研究开发费用加计扣除减免税	高新技术企业减免税
川渝合计	1 115 687	405 160
重庆	381 813	130 464
四川	733 874	274 696
成渝地区双城经济圈	1 076 508	385 022
# 占川渝比重（%）	96.49	95.03
重庆都市圈	365 178	128 871
成都都市圈	457 682	169 467
川东北渝东北	58 596	28 829
川南渝西地区	150 691	40 649
重庆		
渝中区		
大渡口区	10 453	1883
江北区	62 547	26 573
沙坪坝区	21 986	604
九龙坡区	20 064	6278
南岸区	9813	12 325
北碚区	41 734	3931
渝北区	57 752	17 623
巴南区	14 761	1409
涪陵区	30 872	27 422
长寿区	12 617	6763
江津区	16 571	4321
合川区	7077	3361
永川区	7246	2891
南川区	1929	367
綦江区	5046	798
潼南区	1067	291
铜梁区	6967	2409

续表

区域	研究开发费用加计扣除减免税	高新技术企业减免税
大足区	2956	284
荣昌区	8429	962
璧山区	18 177	4579
万州区	4099	403
梁平区	4943	735
丰都县	105	3
垫江县	3012	1800
忠　县	1457	87
开州区	6040	1488
云阳县	1406	395
黔江区	875	187
四川		
成都市	343 085	137 937
自贡市	11 167	9398
泸州市	23 132	7788
德阳市	56 468	16 898
绵阳市	52 956	17 214
遂宁市	17 141	3796
内江市	38 676	2363
乐山市	14 067	6056
南充市	13 379	5566
眉山市	43 110	14 427
宜宾市	30 501	9435
广安市	7114	3797
达州市	24 155	18 352
雅安市	6537	1618
资阳市	15 019	205

规上工业企业技术获取和技术改造（2023年）

单位：万元

区域	引进境外技术经费支出	引进境外技术消化吸收经费支出	购买境内技术经费支出	技术改造经费支出
川渝合计	**181 702**	**2829**	**87 351**	**1 610 964**
重庆	169 235	693	40 216	461 931
四川	12 467	2136	47 135	1 149 033
成渝地区双城经济圈	181 704	2829	84 811	1 549 586
# 占川渝比重（%）	100.00	100.00	97.09	96.19
重庆都市圈	169 236	693	38 318	421 210
成都都市圈	11 454	719	14 541	217 635
川东北渝东北			375	50 481
川南渝西地区	6150	166	28 666	599 780
重庆				
渝中区				
大渡口区		575	6	10 968
江北区				27 446
沙坪坝区			301	15 193
九龙坡区	21	92	31	13 247
南岸区	15		1530	4715
北碚区			3155	8862
渝北区	158 520		1564	25 646
巴南区			15	30 309
涪陵区	4089		18 898	51 482
长寿区	76		283	153 727
江津区	5749		979	13 381
合川区	205		11 341	13 611
永川区	20	10	10	1140
南川区				530
綦江区				12 516
潼南区				724
铜梁区	18		65	5005

续表

区域	引进境外技术经费支出	引进境外技术消化吸收经费支出	购买境内技术经费支出	技术改造经费支出
大足区				248
荣昌区			13	4454
璧山区	523	16	87	25 913
万州区			3	4657
梁平区			2	314
丰都县			6	391
垫江县			30	3805
忠 县				2686
开州区			50	6652
云阳县				13 025
黔江区				1067
四川				
成都市	2078	486	7487	147 707
自贡市			1782	15 522
泸州市			909	63 881
德阳市	9376	233	6856	61 917
绵阳市	651	1261	3828	181 696
遂宁市			60	10 999
内江市			742	8743
乐山市			18	87 721
南充市			218	9167
眉山市			165	7686
宜宾市	363	156	24 166	474 890
广安市			40	2093
达州市			66	9784
雅安市			72	15 741
资阳市			33	325

高新技术企业主要经济指标（2023年）

区域	在统高企数量（家）	工业总产值（万元）	营业收入（万元）	利润总额（万元）	净利润（万元）
川渝合计	**24 254**	**259 973 671**	**378 398 879**	**23 496 253**	**20 294 558**
重庆	7551	115 191 680	148 771 030	6 148 083	5 148 970
四川	16 703	144 781 991	229 627 849	17 348 170	15 145 588
成渝地区双城经济圈	**23 772**	**248 668 363**	**362 628 649**	**22 295 100**	**19 261 655**
# 占川渝比重（%）	**98.01**	**95.65**	**95.83**	**94.89**	**94.91**
重庆都市圈	6982	110 442 592	144 161 458	5 980 245	5 008 684
成都都市圈	13 616	82 655 616	162 686 646	12 494 015	10 816 134
川东北渝东北	921	8 848 771	8 589 782	412 947	363 466
川南渝西地区	2411	39 354 334	41 875 582	2 569 320	2 299 056
重庆					
渝中区	235	165 481	4 681 741	91 816	78 334
大渡口区	145	1 586 813	5 132 190	247 471	210 308
江北区	346	14 145 582	21 120 194	294 512	199 928
沙坪坝区	305	2 305 303	3 750 972	104 503	83 070
九龙坡区	846	7 692 816	9 820 928	421 821	375 104
南岸区	340	3 979 228	7 400 569	445 062	404 153
北碚区	408	6 827 164	7 714 550	528 044	445 831
渝北区	1226	14 816 973	25 774 171	581 835	319 758
巴南区	318	5 604 836	4 956 700	121 481	102 671
涪陵区	205	11 599 807	11 495 875	1 141 131	998 863
长寿区	219	8 131 191	8 458 454	65 905	63 699
江津区	396	7 277 432	7 465 594	333 580	292 847
合川区	196	2 942 179	2 818 476	143 276	126 335
永川区	282	7 197 316	7 165 210	686 351	617 395
南川区	83	736 286	809 686	77 119	64 677
綦江区	209	2 394 694	2 595 304	−42 466	−47 428
潼南区	95	719 058	769 207	41 267	36 129
铜梁区	224	2 500 793	2 494 163	107 856	99 989

续表

区域	在统高企数量（家）	工业总产值（万元）	营业收入（万元）	利润总额（万元）	净利润（万元）
大足区	196	1 406 213	1 298 549	38 173	32 836
荣昌区	195	1 514 780	1 513 434	124 067	110 224
璧山区	414	6 042 801	6 104 537	371 894	345 100
万州区	128	1 617 925	1 773 674	78 032	64 363
梁平区	106	937 968	430 386	16 859	14 339
丰都县	19	53 222	69 560	1448	1414
垫江县	66	733 003	750 815	42 602	36 978
忠　县	32	745 474	699 767	41 528	35 136
开州区	80	505 113	563 774	22 059	21 441
云阳县	32	123 292	152 996	1925	1232
黔江区	58	296 825	355 556	11 901	10 621
四川					
成都市	12 851	64 165 972	142 543 287	11 369 731	9 825 593
自贡市	177	2 974 896	3 467 795	230 925	209 903
泸州市	205	3 131 102	3 752 537	356 632	326 732
德阳市	439	11 686 578	13 178 016	668 230	594 432
绵阳市	845	13 944 375	13 163 051	632 181	586 715
遂宁市	205	4 214 196	4 235 848	-303 406	-252 486
内江市	147	3 719 745	3 555 466	83 776	71 994
乐山市	149	9 201 724	7 898 586	1 658 113	1 461 454
南充市	201	1 023 810	1 020 724	70 920	66 058
眉山市	201	6 352 224	6 356 637	465 676	405 693
宜宾市	380	7 237 363	8 567 530	650 426	584 564
广安市	99	855 846	820 954	55 547	48 861
达州市	257	3 108 964	3 128 086	137 574	122 505
雅安市	87	2 001 158	2 194 394	87 345	73 874
资阳市	125	450 842	608 706	-9622	-9584

高新技术企业主要经济指标（2023年）（续）

区域	实际上缴税费总额（万元）	出口总额（万元）	# 高新技术产品出口	资产总计（万元）	年末负债（万元）	年末所有者权益（万元）
川渝合计	14 458 142	24 037 765	14 048 783	580 538 140	339 134 327	241 403 814
重庆	5 059 420	11 008 834	6 436 425	215 035 529	124 942 862	90 092 667
四川	9 398 722	13 028 931	7 612 358	365 502 611	214 191 465	151 311 147
成渝地区双城经济圈	13 818 597	23 916 222	13 934 575	556 735 533	326 257 164	230 478 368
# 占川渝比重（%）	95.58	99.49	99.19	95.90	96.20	95.47
重庆都市圈	4 924 406	10 934 754	6 400 357	206 326 790	120 317 393	86 009 398
成都都市圈	6 800 960	8 814 004	4 340 617	266 512 964	159 839 005	106 673 960
川东北渝东北	258 004	162 159	98 008	12 705 235	6 737 284	5 967 950
川南渝西地区	1 211 211	2 387 198	1 612 976	51 057 940	29 766 351	21 291 589
重庆						
渝中区	104 435	54 182	51 351	9 103 018	5 212 958	3 890 059
大渡口区	139 245	165 109	109 245	7 321 607	4 775 220	2 546 387
江北区	827 613	2 412 231	758 278	26 486 791	17 896 132	8 590 659
沙坪坝区	163 068	371 281	320 616	6 367 128	3 997 039	2 370 089
九龙坡区	262 272	696 332	365 143	19 696 805	10 997 063	8 699 743
南岸区	256 117	267 494	105 158	10 473 065	6 047 047	4 426 019
北碚区	258 517	1 718 940	986 604	17 135 069	7 889 478	9 245 591
渝北区	1 220 693	1 218 075	684 045	42 266 990	27 910 375	14 356 615
巴南区	119 613	880 226	699 898	7 319 120	3 886 179	3 432 941
涪陵区	417 971	335 758	262 779	15 039 972	6 413 123	8 626 849
长寿区	168 718	480 787	364 711	10 347 678	5 275 577	5 072 101
江津区	187 369	671 805	494 120	8 127 780	4 869 311	3 258 469
合川区	117 859	96 305	90 581	3 616 186	2 295 641	1 320 544
永川区	210 398	84 479	58 934	5 623 022	2 548 162	3 074 860
南川区	13 115	4213	4213	1 377 679	979 340	398 339
綦江区	55 470	51 668	44 046	2 139 260	1 293 320	845 940
潼南区	30 167	46 006	42 560	853 193	485 037	368 156
铜梁区	75 294	217 331	191 277	2 470 309	1 437 829	1 032 481

续表

区域	实际上缴税费总额（万元）	出口总额（万元）	# 高新技术产品出口	资产总计（万元）	年末负债（万元）	年末所有者权益（万元）
大足区	35 253	89 730	79 309	1 854 279	1 048 150	806 129
荣昌区	70 332	121 961	79 292	1 744 153	853 171	890 982
璧山区	159 212	883 592	563 056	5 757 456	3 458 283	2 299 174
万州区	57 656	25 683	21 349	2 268 115	1 330 107	938 007
梁平区	11 234	10 550	7400	670 049	332 205	337 844
丰都县	1161	1867		141 317	73 306	68 011
垫江县	34 383	40 979	12 024	1 079 720	422 454	657 266
忠　县	12 440	9534	1623	1 017 070	395 142	621 929
开州区	11 721	42 524	30 998	927 346	505 815	421 531
云阳县	10 692			255 790	138 413	117 376
黔江区	7252	3990	3696	1 022 948	576 707	446 240
四川						
成都市	6 115 114	7 640 320	3 421 944	236 227 443	140 403 098	95 824 345
自贡市	111 348	167 554	131 625	6 331 536	4 032 224	2 299 312
泸州市	138 329	266 101	180 745	6 099 162	3 322 365	2 776 797
德阳市	445 160	828 687	592 928	20 318 425	13 732 106	6 586 319
绵阳市	334 265	2 250 936	1 986 926	23 336 777	11 786 641	11 550 136
遂宁市	135 898	125 490	114 431	4 474 735	2 577 994	1 896 741
内江市	85 729	66 596	57 152	5 239 723	3 121 724	2 117 998
乐山市	669 465	447 623	308 634	10 648 924	5 080 661	5 568 263
南充市	46 355	9894	8963	2 526 898	1 535 615	991 283
眉山市	226 383	258 304	241 076	9 076 856	4 938 132	4 138 724
宜宾市	241 689	649 973	296 476	11 428 716	7 240 095	4 188 621
广安市	31 675	67 249	45 141	1 206 230	748 958	457 271
达州市	72 362	21 128	15 651	3 818 930	2 004 227	1 814 703
雅安市	111 252	27 042	15 908	2 608 023	1 625 071	982 952
资阳市	14 303	86 693	84 669	890 240	765 669	124 572

高新技术企业收入情况（2023年）

单位：万元

区域	营业收入	# 主营业务收入	按收入来源分			# 商品销售收入
			# 技术收入	# 产品销售收入	高新技术产品	
川渝合计	378 398 879	369 472 260	62 541 127	296 110 178	235 941 759	5 309 388
重庆	148 771 030	144 990 247	10 565 061	129 700 224	105 605 118	1 856 618
四川	229 627 849	224 482 013	51 976 066	166 409 954	130 336 641	3 452 770
成渝地区双城经济圈	362 628 649	354 176 836	59 659 375	284 655 504	227 197 028	5 153 362
# 占川渝比重（%）	95.83	95.86	95.39	96.13	96.29	97.06
重庆都市圈	144 161 458	140 437 806	10 535 246	125 256 856	101 803 629	1 800 084
成都都市圈	162 686 646	160 017 566	48 011 356	107 451 689	83 138 300	2 633 431
川东北渝东北	8 589 782	8 459 086	77 887	8 284 451	7 011 396	62 792
川南渝西地区	41 875 582	40 280 445	646 329	39 410 795	29 923 529	270 657
重庆						
渝中区	4 681 741	4 607 244	1 624 467	2 326 229	1 968 484	114 558
大渡口区	5 132 190	5 053 576	2 298 884	1 668 712	1 204 101	8638
江北区	21 120 194	20 167 040	483 073	19 431 843	18 789 746	215 247
沙坪坝区	3 750 972	3 702 740	155 336	3 516 390	2 807 730	22 064
九龙坡区	9 820 928	9 458 300	805 793	8 171 724	5 656 571	109 876
南岸区	7 400 569	7 242 835	406 325	6 760 355	5 489 738	59 682
北碚区	7 714 550	7 537 908	177 087	7 296 055	4 898 859	34 515
渝北区	25 774 171	25 223 212	3 672 820	19 907 042	16 886 799	884 157
巴南区	4 956 700	4 834 704	298 658	4 440 065	3 771 115	19 452
涪陵区	11 495 875	11 026 360	23 842	10 903 666	9 552 738	59 583
长寿区	8 458 454	8 299 491	78 546	8 234 987	5 895 381	80 913
江津区	7 465 594	7 301 016	17 902	7 221 014	5 373 391	26 910
合川区	2 818 476	2 787 518	50 015	2 734 841	2 239 879	10 276
永川区	7 165 210	7 098 252	70 615	7 015 437	4 942 016	22 410
南川区	809 686	803 852	1672	799 762	496 763	1217
綦江区	2 595 304	2 529 555	11 074	2 465 911	2 107 461	66 371
潼南区	769 207	755 039	9479	743 276	599 433	5753
铜梁区	2 494 163	2 435 070	41 922	2 383 537	1 903 810	13 420

续表

区域	营业收入	# 主营业务收入	按收入来源分			# 商品销售收入
			# 技术收入	# 产品销售收入	高新技术产品	
大足区	1 298 549	1 284 820	46 458	1 231 311	997 260	5634
荣昌区	1 513 434	1 501 991	11 721	1 482 171	1 163 821	7989
璧山区	6 104 537	5 982 195	231 816	5 739 432	4 455 362	29 882
万州区	1 773 674	1 729 701	14 729	1 699 377	1 479 898	15 283
梁平区	430 386	427 844	1915	410 766	317 631	14 742
丰都县	69 560	67 964	2578	65 351	40 281	199
垫江县	750 815	743 604	1090	736 281	628 136	6658
忠　县	699 767	698 882	303	697 705	665 976	1070
开州区	563 774	558 550	1450	549 709	401 365	7421
云阳县	152 996	150 142	172	122 247	95 007	258
黔江区	355 556	355 245	4942	349 197	292 992	1105
四川						
成都市	142 543 287	140 775 917	47 331 185	89 087 685	67 832 004	2 387 767
自贡市	3 467 795	3 428 317	47 178	3 366 594	2 214 085	10 670
泸州市	3 752 537	3 682 283	169 235	3 442 841	2 714 948	75 876
德阳市	13 178 016	12 431 937	410 107	11 898 489	9 679 193	133 897
绵阳市	13 163 051	12 877 658	305 043	12 484 719	10 110 456	104 419
遂宁市	4 235 848	4 129 973	107 378	3 681 928	3 066 127	374 156
内江市	3 555 466	2 832 334	87 472	2 753 835	2 307 038	17 005
乐山市	7 898 586	7 607 683	40 551	7 527 855	6 700 834	30 643
南充市	1 020 724	997 547	18 406	973 426	799 155	4144
眉山市	6 356 637	6 211 903	258 266	5 883 100	5 157 165	108 287
宜宾市	8 567 530	8 186 807	142 752	8 048 144	6 199 699	24 372
广安市	820 954	805 088	17 741	783 096	603 171	1537
达州市	3 128 086	3 084 852	37 244	3 029 589	2 583 947	13 017
雅安市	2 194 394	2 162 078	130 335	2 007 395	1 637 524	18 809
资阳市	608 706	597 809	11 798	582 415	469 938	3480

高新技术企业人员情况（2023年）

区域	从业人员平均人数（人）	年末从业人员（人）	# 留学归国人员	# 外籍常驻人员	# 大专以上
川渝合计	2 437 497	2 455 122	9468	1530	830 430
重庆	944 030	952 024	3021	780	280 199
四川	1 493 467	1 503 098	6447	750	550 231
成渝地区双城经济圈	2 369 684	2 386 377	9363	1524	815 481
# 占川渝比重（%）	97.22	97.20	98.89	99.61	98.20
重庆都市圈	902 384	910 130	2999	597	274 047
成都都市圈	1 080 981	1 084 013	6012	561	466 277
川东北渝东北	81 964	83 233	26	184	11 076
川南渝西地区	308 072	312 219	267	186	50 730
重庆					
渝中区	21 556	21 364	204	9	12 473
大渡口区	22 579	21 550	39	46	8695
江北区	73 238	74 363	158	50	31 081
沙坪坝区	30 685	31 574	133	6	13 945
九龙坡区	82 468	81 931	154	53	23 957
南岸区	49 956	50 336	212	2	20 771
北碚区	57 321	59 170	116	46	15 814
渝北区	155 974	156 097	797	49	70 528
巴南区	39 108	38 646	37	42	9809
涪陵区	44 613	45 183	15	2	7260
长寿区	36 726	37 293	30	14	7364
江津区	50 600	51 265	36	19	9132
合川区	25 156	25 801	6	3	3032
永川区	47 187	48 346	17	20	7273
南川区	6354	6788	7		861
綦江区	18 889	18 580	10		2540
潼南区	7261	7115	2		775
铜梁区	28 106	28 428	9	8	2553

续表

区域	从业人员平均人数（人）	年末从业人员（人）	# 留学归国人员	# 外籍常驻人员	# 大专以上
大足区	14 113	14 846	1		1472
荣昌区	22 041	21 649	16	38	3537
璧山区	54 537	55 456	995	190	19 590
万州区	15 799	15 924	5	178	2849
梁平区	5520	5567	1	1	665
丰都县	1456	1468		1	163
垫江县	7512	7664	6		945
忠　县	3137	2990	2		469
开州区	6882	6867	4	2	565
云阳县	3173	3207	1	1	416
黔江区	3478	3550	3		452
四川					
成都市	956 109	956 881	5885	540	435 927
自贡市	22 672	22 653	17	15	5396
泸州市	33 629	34 293	87	32	6945
德阳市	77 137	77 634	99	14	20 327
绵阳市	100 006	101 570	107	60	28 125
遂宁市	26 907	28 145	13		4310
内江市	22 382	22 844	52	51	4280
乐山市	34 275	34 073	21	21	4940
南充市	15 218	15 750	5	1	2225
眉山市	39 741	41 498	27	1	8027
宜宾市	48 453	49 315	22	3	7602
广安市	13 916	14 349	5		1585
达州市	23 267	23 796	2		2779
雅安市	12 553	12 558	4		2031
资阳市	7994	8000	1	6	1996

高新技术企业研究开发活动情况（2023年）

区域	研究开发人员（人）	研究开发费用合计（万元）	当年形成用于研究开发的固定资产（万元）
川渝合计	**603 716**	**20 877 228**	**1 268 387**
重庆	208 879	7 640 712	489 886
四川	394 837	13 236 516	778 501
成渝地区双城经济圈	**591 387**	**20 271 798**	**1 253 093**
# 占川渝比重（%）	97.96	97.10	98.79
重庆都市圈	201 052	7 434 106	487 457
成都都市圈	313 487	10 312 065	593 572
川东北渝东北	14 467	372 823	13 268
川南渝西地区	54 898	1 742 797	89 548
重庆			
渝中区	5738	189 130	1456
大渡口区	4307	228 532	12 740
江北区	19 549	1 163 525	39 471
沙坪坝区	8447	287 642	11 340
九龙坡区	19 830	493 601	44 815
南岸区	13 481	475 292	18 987
北碚区	12 623	425 822	28 396
渝北区	44 416	1 625 578	84 054
巴南区	8663	293 277	67 957
涪陵区	8074	437 892	28 932
长寿区	7475	371 462	24 578
江津区	9091	302 607	11 627
合川区	3832	97 809	7168
永川区	6883	272 936	6569
南川区	1226	44 884	1480
綦江区	3268	98 296	2208
潼南区	1454	30 983	1332
铜梁区	4452	115 617	8626

续表

区域	研究开发人员（人）	研究开发费用合计（万元）	当年形成用于研究开发的固定资产（万元）
大足区	2648	69 744	2225
荣昌区	3523	74 762	10 812
璧山区	9757	294 481	63 533
万州区	2825	80 178	1647
梁平区	1002	18 284	388
丰都县	310	3810	351
垫江县	1421	38 126	2659
忠　县	538	23 460	661
开州区	1046	26 335	360
云阳县	536	7706	1695
黔江区	628	13 681	257
四川			
成都市	288 304	9 499 195	523 804
自贡市	5107	169 095	10 150
泸州市	6176	207 607	8406
德阳市	16 081	549 057	44 541
绵阳市	23 935	749 661	71 624
遂宁市	4917	173 742	15 184
内江市	4429	157 765	11 425
乐山市	5501	310 914	12 178
南充市	2766	60 459	4100
眉山市	7283	235 147	24 843
宜宾市	9321	274 368	17 500
广安市	2315	40 234	9151
达州市	4023	114 465	1407
雅安市	2367	95 971	12 072
资阳市	1819	28 666	384

高新技术企业办研发机构（2023年）

区域	机构数（个）	机构研究开发人员数（人）	# 博士和硕士	机构研究开发费用（万元）
川渝合计	**9416**	**304 366**	**50 163**	**11 985 982**
重庆	3914	116 519	14 812	4 623 567
四川	5502	187 847	35 351	7 362 415
成渝地区双城经济圈	**9212**	**298 042**	**49 556**	**11 595 401**
# 占川渝比重（%）	**97.83**	**97.92**	**98.79**	**96.74**
重庆都市圈	3649	112 884	14 658	4 556 280
成都都市圈	4092	143 861	30 559	5 419 916
川东北渝东北	436	8284	504	209 612
川南渝西地区	1246	31 658	2507	1 111 808
重庆				
渝中区	89	1710	346	47 931
大渡口区	73	1795	429	91 039
江北区	161	11 515	1829	816 630
沙坪坝区	131	3862	806	129 014
九龙坡区	389	9493	1283	255 621
南岸区	185	7919	1367	337 353
北碚区	203	8092	1313	321 795
渝北区	536	23 267	4238	996 758
巴南区	201	4894	371	126 876
涪陵区	214	6473	230	350 939
长寿区	120	3952	619	173 932
江津区	224	6270	384	190 745
合川区	107	2121	79	54 171
永川区	131	3399	146	145 021
南川区	79	1095	31	33 380
綦江区	92	1696	52	40 997
潼南区	34	461	27	7964
铜梁区	137	2600	71	73 811

续表

区域	机构数（个）	机构研究开发人员数（人）	# 博士和硕士	机构研究开发费用（万元）
大足区	68	1190	33	44 468
荣昌区	158	2647	153	55 055
璧山区	238	6679	767	230 732
万州区	67	1877	98	32 438
梁平区	106	920	16	13 708
丰都县	8	130	1	1732
垫江县	35	766	26	22 942
忠　县	19	229	19	3359
开州区	37	455	52	8026
云阳县	14	245	11	2735
黔江区	11	137	4	2957
四川				
成都市	3699	127 723	28 329	4 798 563
自贡市	108	2881	393	115 302
泸州市	92	3399	446	150 725
德阳市	232	9813	1757	415 092
绵阳市	356	11 803	1630	420 510
遂宁市	103	2224	139	95 846
内江市	80	2238	352	127 147
乐山市	73	3557	235	256 159
南充市	54	1461	184	30 684
眉山市	126	5420	380	187 103
宜宾市	156	5338	477	168 537
广安市	79	1754	84	32 048
达州市	96	2201	97	93 988
雅安市	56	1436	159	72 410
资阳市	35	905	93	19 158

高新技术企业新产品情况（2023年）

单位：万元

区域	新产品产值	新产品销售收入	# 出口
川渝合计	**105 910 668**	**106 773 998**	**8 389 818**
重庆	54 646 112	55 576 491	5 541 253
四川	51 264 556	51 197 507	2 848 565
成渝地区双城经济圈	**103 023 098**	**103 774 921**	**8 377 579**
# 占川渝比重（%）	**97.27**	**97.19**	**99.85**
重庆都市圈	53 463 179	54 433 282	5 541 449
成都都市圈	32 029 644	32 498 535	2 130 429
川东北渝东北	2 103 806	1 969 944	36 986
川南渝西地区	13 302 131	13 663 925	647 556
重庆			
渝中区	123 741	122 790	
大渡口区	742 120	692 232	47 421
江北区	11 433 971	13 196 370	1 765 567
沙坪坝区	1 115 915	1 075 570	108 008
九龙坡区	2 172 776	2 857 855	289 883
南岸区	1 835 313	1 722 598	52 385
北碚区	1 802 460	2 512 652	544 647
渝北区	6 635 150	6 812 989	622 713
巴南区	2 783 162	2 616 530	658 436
涪陵区	7 598 177	5 114 127	210 719
长寿区	3 013 532	2 967 731	311 368
江津区	3 059 898	3 098 070	86 282
合川区	1 128 051	1 626 890	61 771
永川区	1 729 219	1 718 391	30 519
南川区	334 364	357 290	
綦江区	1 122 134	1 008 410	17 091
潼南区	333 733	364 427	35 606
铜梁区	1 524 680	1 496 885	93 230

续表

区域	新产品产值	新产品销售收入	# 出口
大足区	715 193	687 716	33 941
荣昌区	598 517	584 473	62 179
璧山区	3 421 780	3 548 011	470 408
万州区	299 017	346 943	8817
梁平区	201 965	134 100	1461
丰都县	6094	19 771	1020
垫江县	317 568	280 383	819
忠　县	88 554	88 213	1632
开州区	222 854	243 845	20 930
云阳县	33 207	45 632	
黔江区	55 073	48 354	3491
四川			
成都市	24 949 329	25 148 814	1 608 054
自贡市	1 432 500	1 448 360	122 270
泸州市	711 099	687 452	9490
德阳市	4 756 631	5 051 574	393 141
绵阳市	4 206 532	3 593 272	240 534
遂宁市	1 454 348	1 377 366	35 963
内江市	459 626	464 386	13 758
乐山市	4 682 869	4 301 864	55 552
南充市	287 947	254 997	1261
眉山市	2 185 616	2 160 424	79 269
宜宾市	1 949 265	2 469 782	178 796
广安市	239 293	251 275	39 275
达州市	646 600	556 060	1046
雅安市	475 157	482 324	8861
资阳市	138 068	137 723	49 965

高新技术企业自主知识产权及相关情况（2023年）

区域	专利申请量（件）	# 发明专利	发明专利有效量（件）	拥有注册商标数（件）	累计形成国家或行业标准数（项）
川渝合计	100 330	46 502	343 295	119 078	12 018
重庆	38 347	17 051	33 967	44 906	4229
四川	61 983	29 451	309 328	74 172	7789
成渝地区双城经济圈	97 653	45 274	331 936	116 968	11 897
# 占川渝比重（%）	97.33	97.36	96.69	98.23	98.99
重庆都市圈	37 007	16 688	34 726	42 321	4155
成都都市圈	47 632	24 020	234 187	61 181	6326
川东北渝东北	2519	609	7736	3191	105
川南渝西地区	8709	2612	25 771	9907	902
重庆					
渝中区	891	422	990	1339	240
大渡口区	1339	542	1039	944	57
江北区	7011	4521	3582	4051	322
沙坪坝区	1244	631	1605	1372	141
九龙坡区	3257	1251	3975	3245	639
南岸区	2152	1040	2095	2675	298
北碚区	1949	698	2186	2908	610
渝北区	7341	3752	5992	12 219	940
巴南区	1359	413	1847	1516	190
涪陵区	685	185	516	1028	71
长寿区	1356	740	1214	1278	69
江津区	1720	383	1439	1710	76
合川区	561	141	835	1816	171
永川区	793	271	756	1501	38
南川区	225	47	207	235	
綦江区	629	148	470	373	27
潼南区	219	62	228	251	9
铜梁区	715	128	553	685	67

续表

区域	专利申请量（件）	# 发明专利	发明专利有效量（件）	拥有注册商标数（件）	累计形成国家或行业标准数（项）
大足区	418	89	312	765	3
荣昌区	449	164	627	892	98
璧山区	2273	969	2061	1312	55
万州区	529	135	224	387	9
梁平区	247	51	246	237	
丰都县	52	11	34	47	
垫江县	178	40	181	330	41
忠　县	86	32	76	309	
开州区	148	39	191	477	1
云阳县	81	22	48	139	8
黔江区	126	39	115	114	1
四川					
成都市	43 507	22 477	210 661	56 321	5487
自贡市	826	290	5419	514	348
泸州市	974	302	4677	684	79
德阳市	2563	1014	15 056	2653	661
绵阳市	4066	1753	21 207	3992	440
遂宁市	926	258	5042	734	17
内江市	768	319	4022	1275	35
乐山市	996	332	5038	1178	236
南充市	498	143	3081	829	6
眉山市	1221	449	6743	1690	137
宜宾市	1417	518	7496	1508	131
广安市	421	91	2197	206	34
达州市	700	136	3655	436	40
雅安市	396	146	2271	276	24
资阳市	341	80	1727	517	41

高新技术企业相关政策落实（2023年）

单位：万元

区域	研究开发费用加计扣除减免税	高新技术企业减免税	技术转让减免税
川渝合计	1 405 431	787 369	6068
重庆	489 966	261 445	542
四川	915 465	525 924	5526
成渝地区双城经济圈	1 373 246	755 998	6015
# 占川渝比重（%）	97.71	96.02	99.13
重庆都市圈	472 799	256 310	543
成都都市圈	701 234	378 714	3804
川东北渝东北	33 982	25 885	327
川南渝西地区	123 974	92 466	706
重庆			
渝中区	7355	4213	
大渡口区	10 210	2014	
江北区	14 483	27 687	
沙坪坝区	14 881	5037	
九龙坡区	167 792	10 562	75
南岸区	29 116	23 672	
北碚区	31 355	36 661	
渝北区	68 668	43 084	157
巴南区	15 804	4289	
涪陵区	28 798	34 524	174
长寿区	11 048	9159	
江津区	8017	15 680	33
合川区	4380	2620	104
永川区	9888	8538	
南川区	499	318	
綦江区	4576	1803	
潼南区	2098	640	
铜梁区	5952	3716	

续表

区域	研究开发费用加计扣除减免税	高新技术企业减免税	技术转让减免税
大足区	2529	2417	
荣昌区	7204	2659	
璧山区	25 233	13 164	
万州区	9260	285	
梁平区	370	161	
丰都县	11		
垫江县	5572	665	
忠　县	642	6357	
开州区	1737	314	
云阳县	1002	409	
黔江区	115	127	
四川			
成都市	638 233	349 321	3803
自贡市	13 792	9115	153
泸州市	12 978	9998	520
德阳市	39 807	23 708	1
绵阳市	46 273	17 576	380
遂宁市	8593	4572	
内江市	35 314	3423	
乐山市	21 259	11 759	288
南充市	9415	8284	
眉山市	21 083	5521	
宜宾市	23 724	35 117	
广安市	2913	3853	
达州市	5973	9410	327
雅安市	3183	3402	
资阳市	2111	164	

高新技术企业技术获取和技术改造（2023年）

单位：万元

区域	引进境外技术经费支出	引进境外技术消化吸收经费支出	购买境内技术经费支出	技术改造经费支出
川渝合计	184 751	15 068	156 716	1 111 873
重庆	173 615	14 454	59 575	318 623
四川	11 136	614	97 141	793 250
成渝地区双城经济圈	184 752	15 068	156 209	1 084 371
# 占川渝比重（%）	100.00	100.00	99.68	97.53
重庆都市圈	173 615	14 454	59 747	304 760
成都都市圈	11 001	506	77 732	501 645
川东北渝东北			335	26 141
川南渝西地区	1392	108	18 442	128 104
重庆				
渝中区	6		80	
大渡口区		575	6	9068
江北区			10 087	29 539
沙坪坝区			1367	27 689
九龙坡区		92	131	17 938
南岸区			9703	18 340
北碚区			3239	13 845
渝北区	159 291		1765	25 378
巴南区			591	41 338
涪陵区	2700		19 427	46 203
长寿区			216	8567
江津区	1256		729	18 022
合川区	205		11 341	5148
永川区			17	4217
南川区				143
綦江区				4116
潼南区				2057
铜梁区			314	6276

续表

区域	引进境外技术经费支出	引进境外技术消化吸收经费支出	购买境内技术经费支出	技术改造经费支出
大足区			86	905
荣昌区			70	1757
璧山区	10 157	13 787	321	22 906
万州区			3	2812
梁平区			1	70
丰都县			6	
垫江县			75	3518
忠 县				1500
开州区				3548
云阳县				2227
黔江区				277
四川				
成都市	3263	506	72 383	398 749
自贡市			1316	17 715
泸州市			14 807	21 146
德阳市	7738		5184	96 891
绵阳市			989	83 372
遂宁市			167	2952
内江市	136	108	814	6620
乐山市			13	63 554
南充市			250	8437
眉山市			165	6005
宜宾市			289	47 330
广安市			257	1308
达州市				4029
雅安市				8859
资阳市				

高等院校

高等院校科技活动情况（2023年）

区域	学校数（个）	设立R&D机构（个）	R&D人员（人）	R&D人员折合全时当量（人年）	R&D经费内部支出（万元）	R&D经费外部支出（万元）
川渝合计	328	1617	144 991	59 990	1 924 477	96 708
重庆	72	613	51 560	21 811	766 790	22 032
四川	137	1004	93 431	38 179	1 157 687	74 676
成渝地区双城经济圈	195	1582	141 243	58 915	1 906 346	96 426
#占川渝比重（%）	93.30	97.84	97.42	98.21	99.06	99.71
重庆都市圈	64	595	49 228	20 720	714 219	21 969
成都都市圈	142	645	63 269	26 339	923 855	67 935
川东北渝东北	29	104	10 144	3623	107 894	179
川南渝西地区	51	145	12 912	5672	118 842	1585
重庆						
渝中区	2	22	3264	2183	58 247	993
大渡口区						
江北区	1		108	40	5887	154
沙坪坝区	11	148	18 603	8511	327 716	11 000
九龙坡区	2	1	556	151	2324	
南岸区	5	186	8473	3233	133 217	1688
北碚区	2	120	5311	2062	72 477	7536
渝北区	4	27	3613	927	14 147	37
巴南区	6	38	2701	1058	33 023	278
涪陵区	2	13	1571	564	15 307	2
长寿区	1	1	167	72	1588	
江津区	5		877	356	10 613	
合川区	6	1	846	291	6389	
永川区	7	37	2300	933	28 837	255

续表

区域	学校数（个）	设立 R&D 机构（个）	R&D 人员（人）	R&D 人员折合全时当量（人年）	R&D 经费内部支出（万元）	R&D 经费外部支出（万元）
南川区						
綦江区						
潼南区						
铜梁区	2		65	14	698	
大足区	3		107	38	489	
荣昌区						
璧山区	3		348	207	2404	26
万州区	7	19	2480	1118	52 794	64
梁平区						
丰都县						
垫江县						
忠　县	1					
开州区						
云阳县						
黔江区	2		170	54	632	
四川						
成都市	58	622	60 624	25 113	906 513	67 915
自贡市	3	30	1978	695	20 399	967
泸州市	7	42	4275	2345	30 962	325
德阳市	9	23	2086	1074	16 496	16
绵阳市	11	62	4168	1670	34 059	1157
遂宁市	4	4	226	51	427	40
内江市	4	12	1635	525	9709	13
乐山市	3	50	1285	495	8358	
南充市	7	70	6147	2089	50 711	104
眉山市	6		403	112	635	4
宜宾市	2	24	1675	766	17 135	25
广安市	1	1	318	80	856	
达州市	3	15	1517	416	4389	11
雅安市	2	14	3190	1632	38 697	3816
资阳市	3		156	40	211	

高等院校 R&D 人员（2023 年）

单位：人

区域	R&D 人员	# 女性	# 研究人员	# 全时人员	按学历分			
					博士毕业	硕士毕业	本科毕业	其他学历
川渝合计	144 991	51 962	110 076	51 568	53 082	55 922	33 174	2813
重庆	51 560	18 962	41 832	18 285	18 976	19 862	12 179	543
四川	93 431	33 000	68 244	33 283	34 106	36 060	20 995	2270
成渝地区双城经济圈	141 243	50 093	107 069	50 962	52 620	53 744	32 222	2657
# 占川渝比重（%）	97.42	96.40	97.27	98.82	99.13	96.11	97.13	94.45
重庆都市圈	49 228	17 817	40 051	17 228	18 780	18 667	11 255	526
成都都市圈	63 269	19 260	45 179	23 890	26 981	20 703	14 312	1273
川东北渝东北	10 144	5112	7562	2452	1519	5913	2573	139
川南渝西地区	12 912	5986	9356	5264	2483	6357	3455	617
重庆								
渝中区	3264	1553	2192	2468	924	895	1372	73
大渡口区								
江北区	108	58	86	41	1	55	49	3
沙坪坝区	18 603	5620	15 461	6850	7447	6919	4021	216
九龙坡区	556	341	495	79	16	403	137	
南岸区	8473	2821	7229	2640	3914	2971	1574	14
北碚区	5311	1749	4981	1822	3617	1321	352	21
渝北区	3613	990	2233	311	1024	1156	1421	12
巴南区	2701	1246	2136	811	779	1185	708	29
涪陵区	1571	746	1316	413	537	824	171	39
长寿区	167	100	104	73	13	108	44	2
江津区	877	466	686	361	51	530	259	37
合川区	846	539	682	230	23	629	193	1
永川区	2300	1141	1839	829	352	1305	588	55
南川区								
綦江区								
潼南区								
铜梁区	65	39	53		2	34	29	

续表

区域	R&D 人员	# 女性	# 研究人员	# 全时人员	按学历分			
					博士毕业	硕士毕业	本科毕业	其他学历
大足区	107	57	64	11	7	38	59	3
荣昌区								
璧山区	348	170	292	241	69	168	111	
万州区	2480	1234	1856	1072	194	1198	1053	35
梁平区								
丰都县								
垫江县								
忠　县								
开州区								
云阳县								
黔江区	170	92	127	33	6	123	38	3
四川								
成都市	60 624	18 176	43 351	22 805	26 781	19 615	13 123	1105
自贡市	1978	799	1503	632	593	905	447	33
泸州市	4275	1809	2829	2575	798	1747	1327	403
德阳市	2086	704	1433	1049	189	844	903	150
绵阳市	4168	1688	3276	1431	1342	2013	740	73
遂宁市	226	127	190	10	4	91	120	11
内江市	1635	808	1250	293	292	847	432	64
乐山市	1285	652	1071	233	307	767	185	26
南充市	6147	3124	4570	1263	1187	3712	1168	80
眉山市	403	280	320	32	10	188	194	11
宜宾市	1675	867	1132	563	388	951	314	22
广安市	318	181	202	48	4	126	167	21
达州市	1517	754	1136	117	138	1003	352	24
雅安市	3190	1062	2899	1622	1610	1017	479	84
资阳市	156	100	75	4	1	56	92	7

高等院校 R&D 人员折合全时当量（2023 年）

单位：人年

区域	R&D 人员折合全时当量	# 研究人员	按活动类型分		
			基础研究	应用研究	试验发展
川渝合计	**59 990**	**50 438**	**26 074**	**29 738**	**4177**
重庆	21 811	18 461	8833	11 043	1934
四川	38 179	31 977	17 241	18 695	2243
成渝地区双城经济圈	**58 915**	**49 549**	**25 670**	**29 085**	**4161**
# 占川渝比重（%）	**98.21**	**98.24**	**98.45**	**97.80**	**99.61**
重庆都市圈	20 720	17 671	8455	10 527	1737
成都都市圈	26 339	22 709	11 685	13 163	1493
川东北渝东北	3623	2707	1468	1933	222
川南渝西地区	5672	4112	2381	2882	407
重庆					
渝中区	2183	1503	1524	545	115
大渡口区					
江北区	40	29	6	32	2
沙坪坝区	8511	7506	3262	4110	1138
九龙坡区	151	128	33	116	2
南岸区	3233	2936	1332	1816	85
北碚区	2062	1919	1001	1050	10
渝北区	927	677	259	635	33
巴南区	1058	902	258	502	298
涪陵区	564	490	183	356	25
长寿区	72	42	28	44	
江津区	356	292	103	247	5
合川区	291	232	52	233	7
永川区	933	746	258	660	15
南川区					
綦江区					
潼南区					
铜梁区	14	11	5	9	

续表

区域	R&D 人员折合全时当量	# 研究人员	按活动类型分		
			基础研究	应用研究	试验发展
大足区	38	23	11	27	
荣昌区					
璧山区	207	174	88	117	2
万州区	1118	813	414	506	198
梁平区					
丰都县					
垫江县					
忠　县					
开州区					
云阳县					
黔江区	54	39	18	36	
四川					
成都市	25 113	21 913	11 316	12 375	1423
自贡市	695	565	82	571	42
泸州市	2345	1547	1637	658	49
德阳市	1074	688	316	689	70
绵阳市	1670	1365	959	653	59
遂宁市	51	42	18	33	
内江市	525	413	133	374	18
乐山市	495	424	199	281	15
南充市	2089	1590	900	1166	23
眉山市	112	87	39	73	
宜宾市	766	515	152	336	278
广安市	80	61	52	28	
达州市	416	304	154	261	1
雅安市	1632	1552	864	520	248
资阳市	40	21	14	26	

高等院校 R&D 经费内部支出（2023 年）

单位：万元

区域	R&D 经费内部支出	按活动类型分		
		基础研究	应用研究	试验发展
川渝合计	1 924 477	777 788	964 887	181 802
重庆	766 790	284 273	409 886	72 631
四川	1 157 687	493 515	555 001	109 171
成渝地区双城经济圈	1 906 346	772 176	952 703	181 463
# 占川渝比重（%）	99.06	99.28	98.74	99.81
重庆都市圈	714 219	265 404	382 204	66 608
成都都市圈	923 855	403 600	434 149	86 107
川东北渝东北	107 894	39 944	58 712	9237
川南渝西地区	118 842	33 580	72 391	12 870
重庆				
渝中区	58 247	43 233	8792	6222
大渡口区				
江北区	5887	212	5395	280
沙坪坝区	327 716	124 487	176 268	26 960
九龙坡区	2324	64	2241	18
南岸区	133 217	41 593	77 260	14 365
北碚区	72 477	33 488	38 663	326
渝北区	14 147	3961	9263	923
巴南区	33 023	4301	13 718	15 004
涪陵区	15 307	1894	13 132	281
长寿区	1588	695	893	
江津区	10 613	1277	9264	72
合川区	6389	623	5500	266
永川区	28 837	7435	19 557	1845
南川区				
綦江区				
潼南区				
铜梁区	698	31	667	

续表

区域	R&D 经费内部支出	按活动类型分		
		基础研究	应用研究	试验发展
大足区	489	98	390	
荣昌区				
璧山区	2404	1273	1084	46
万州区	52 794	19 327	27 444	6022
梁平区				
丰都县				
垫江县				
忠　县				
开州区				
云阳县				
黔江区	632	278	354	
四川				
成都市	906 513	401 100	421 682	83 732
自贡市	20 399	596	18 077	1726
泸州市	30 962	19 880	10 135	947
德阳市	16 496	2201	11 929	2366
绵阳市	34 059	19 141	13 976	942
遂宁市	427	194	233	
内江市	9709	2244	7255	210
乐山市	8358	3704	4447	207
南充市	50 711	18 194	29 323	3194
眉山市	635	127	508	
宜宾市	17 135	2019	7046	8070
广安市	856	739	117	
达州市	4389	2423	1945	21
雅安市	38 697	15 172	16 115	7409
资阳市	211	172	30	9

按支出用途和资金来源分高等院校 R&D 经费内部支出情况（2023 年）

单位：万元

区域	R&D 经费内部支出	按支出用途分				按资金来源分			
		日常性支出	# 人员劳务费	资产性支出	# 仪器和设备	政府资金	企业资金	境外资金	其他资金
川渝合计	1 924 477	1 596 016	474 022	328 461	69 054	905 177	731 340	3579	284 381
重庆	766 790	597 961	170 695	168 829	22 292	369 647	301 639	868	94 636
四川	1 157 687	998 055	303 327	159 632	46 762	535 530	429 701	2711	189 745
成渝地区双城经济圈	1 906 346	1 578 768	462 931	327 582	68 821	894 499	726 200	3580	282 068
# 占川渝比重（%）	99.06	98.92	97.66	99.73	99.66	98.82	99.30	100.00	99.19
重庆都市圈	714 219	560 012	161 033	154 211	22 288	338 256	295 130	869	79 963
成都都市圈	923 855	802 458	226 376	121 397	43 618	401 220	374 924	2661	145 050
川东北渝东北	107 894	79 930	37 283	27 965	917	64 177	12 748	11	30 961
川南渝西地区	118 842	83 979	24 581	34 863	3898	63 976	39 667	7	15 191
重庆									
渝中区	58 247	34 163	11 806	24 084	2181	49 527	5097		3624
大渡口区									
江北区	5887	1607	680	4280	7	547	5292		48
沙坪坝区	327 716	281 776	75 738	45 940	11 767	124 570	158 551	86	44 509
九龙坡区	2324	2028	680	296	66	842	1114		367
南岸区	133 217	100 832	31 936	32 385	4212	62 892	56 232	755	13 339
北碚区	72 477	54 274	10 886	18 204	153	50 230	18 696	28	3522
渝北区	14 147	12 125	5941	2022	93	8883	3461		1803
巴南区	33 023	29 243	8343	3780	827	9776	16 953		6294
涪陵区	15 307	13 529	4205	1779	392	4246	10 735		325
长寿区	1588	720	409	868		1339	245		4
江津区	10 613	8030	1989	2584	155	1893	7587		1133
合川区	6389	3584	1565	2806	7	2383	2135		1872
永川区	28 837	15 823	5812	13 014	1635	17 605	8826		2406
南川区									
綦江区									
潼南区									
铜梁区	698	281	67	417	417	26	195		477

续表

区域	R&D 经费内部支出	按支出用途分				按资金来源分			
		日常性支出	# 人员劳务费	资产性支出	# 仪器和设备	政府资金	企业资金	境外资金	其他资金
大足区	489	301	84	188	186	348	1		140
荣昌区									
璧山区	2404	1145	484	1259	1	2359	10		34
万州区	52 794	37 988	9677	14 807	193	31 753	6500		14 542
梁平区									
丰都县									
垫江县									
忠　县									
开州区									
云阳县									
黔江区	632	512	395	120	2	428	8		196
四川									
成都市	906 513	791 023	221 364	115 490	43 434	394 329	368 574	2658	140 952
自贡市	20 399	15 797	1970	4601	489	7701	11 413		1285
泸州市	30 962	20 860	6266	10 102	492	24 447	970	7	5538
德阳市	16 496	10 590	4438	5906	184	6546	6349	3	3598
绵阳市	34 059	31 796	11 143	2262	33	15 750	12 661		5648
遂宁市	427	424	268	4	1	326	48		53
内江市	9709	8910	3065	799	502	3078	5869		761
乐山市	8358	7850	3142	508	116	3416	3726	32	1183
南充市	50 711	37 586	24 476	13 125	724	29 423	5785	11	15 493
眉山市	635	635	367			336			298
宜宾市	17 135	13 977	5328	3158	22	8878	4806		3451
广安市	856	551	408	305	189	790			66
达州市	4389	4356	3130	33		3001	463		926
雅安市	38 697	36 242	6662	2455	341	26 822	3897		7979
资阳市	211	210	207	1		9	1		202

高等院校 R&D 经费外部支出（2023 年）

单位：万元

区域	R&D经费外部支出	# 对境内研究机构支出	# 对境内高等学校支出	# 对境内企业支出	# 对境外支出
川渝合计	**96 708**	**36 746**	**27 499**	**30 818**	**861**
重庆	22 032	9758	6424	5206	430
四川	74 676	26 988	21 075	25 612	431
成渝地区双城经济圈	**96 426**	**36 605**	**27 426**	**30 800**	**861**
# 占川渝比重（%）	**99.71**	**99.62**	**99.73**	**99.94**	**100.00**
重庆都市圈	21 969	9733	6409	5182	430
成都都市圈	67 935	24 136	19 925	23 455	119
川东北渝东北	179	28	97	53	
川南渝西地区	1585	79	204	867	213
重庆					
渝中区	993		993		
大渡口区					
江北区	154			154	
沙坪坝区	11 000	6015	1318	3388	243
九龙坡区					
南岸区	1688	586	606	496	
北碚区	7536	3073	3376	916	
渝北区	37		37		
巴南区	278	59	31		187
涪陵区	2				
长寿区					
江津区					
合川区					
永川区	255		48	202	
南川区					
綦江区					
潼南区					
铜梁区					

续表

区域	R&D经费外部支出	# 对境内研究机构支出	# 对境内高等学校支出	# 对境内企业支出	# 对境外支出
大足区					
荣昌区					
璧山区	26			26	
万州区	64	24	15	24	
梁平区					
丰都县					
垫江县					
忠　县					
开州区					
云阳县					
黔江区					
四川					
成都市	67 915	24 136	19 916	23 448	119
自贡市	967	79	7	647	211
泸州市	325		139		2
德阳市	16		9	7	
绵阳市	1157	286	412	358	99
遂宁市	40	4		37	
内江市	13		2		
乐山市					
南充市	104	4	78	22	
眉山市	4				
宜宾市	25		8	18	
广安市					
达州市	11		4	7	
雅安市	3816	2339	427	1050	
资阳市					

高等院校 R&D 课题（2023 年）

区域	R&D 课题数（项）	课题参加人员折合全时当量（人年）	课题经费（万元）
川渝合计	**136 688**	**59 975**	**1 288 945**
重庆	43 802	21 806	417 307
四川	92 886	38 169	871 638
成渝地区双城经济圈	**133 118**	**58 901**	**1 282 825**
# 占川渝比重（%）	**97.39**	**98.21**	**99.53**
重庆都市圈	41 812	20 715	400 903
成都都市圈	60 674	26 328	752 723
川东北渝东北	9650	3623	27 833
川南渝西地区	13 416	5672	55 793
重庆			
渝中区	2708	2184	25 927
大渡口区			
江北区	67	40	197
沙坪坝区	13 431	8506	227 811
九龙坡区	303	150	868
南岸区	8741	3233	58 373
北碚区	4934	2061	40 975
渝北区	3421	927	5284
巴南区	2945	1058	17 496
涪陵区	1148	564	5728
长寿区	143	72	67
江津区	747	356	8525
合川区	711	291	950
永川区	2123	933	6956
南川区			
綦江区			
潼南区			
铜梁区	44	14	224

续表

区域	R&D课题数（项）	课题参加人员折合全时当量（人年）	课题经费（万元）
大足区	79	38	28
荣昌区			
璧山区	104	208	1411
万州区	1941	1118	16 336
梁平区			
丰都县			
垫江县			
忠　县			
开州区			
云阳县			
黔江区	212	54	152
四川			
成都市	58 728	25 100	741 971
自贡市	2802	695	17 439
泸州市	3733	2345	13 107
德阳市	1579	1074	10 693
绵阳市	5902	1671	21 443
遂宁市	156	51	88
内江市	2069	525	2880
乐山市	1449	496	2109
南充市	6671	2089	10 652
眉山市	274	114	58
宜宾市	1819	766	6634
广安市	163	80	83
达州市	1038	416	845
雅安市	2840	1632	37 514
资阳市	93	40	1

高等院校专利产出及相关情况（2023年）

区域	专利申请量（件）	#发明专利	专利授权量（件）	#发明专利	发明专利有效量（件）	专利所有权转让及许可数（件）	专利所有权转让及许可收入（万元）
川渝合计	23 821	17 564	21 812	14 587	88 446	1594	110 074
重庆	8238	6473	6754	4774	19 233	644	40 418
四川	15 583	11 091	15 058	9813	69 213	950	69 656
成渝地区双城经济圈	23 426	17 364	21 533	14 478	86 734	1578	109 411
#占川渝比重（%）	98.34	98.86	98.72	99.25	98.06	99.00	99.40
重庆都市圈	7955	6371	6468	4696	19 277	637	39 705
成都都市圈	12 223	9154	12 204	8550	53 654	692	53 099
川东北渝东北	627	264	587	192	1824	25	962
川南渝西地区	1774	1090	1555	804	8207	138	13 442
重庆							
渝中区	444	337	407	260	598	18	1977
大渡口区							
江北区	111	15	47	6	28	6	195
沙坪坝区	2982	2577	2707	2168	8433	148	17 373
九龙坡区	62	11	31	8	34		
南岸区	2219	1930	1439	1076	5407	347	14 718
北碚区	513	407	522	336	1555	9	1706
渝北区	131	71	141	102	283	11	112
巴南区	469	400	300	239	745	20	589
涪陵区	159	137	88	69	383	5	690
长寿区	77	52	58	15	56	7	44
江津区	237	134	279	196	717	29	958
合川区	84	60	73	29	162	13	493
永川区	338	219	283	181	569	20	707
南川区							
綦江区							
潼南区							
铜梁区	4	2					

续表

区域	专利申请量（件）	# 发明专利	专利授权量（件）	# 发明专利	发明专利有效量（件）	专利所有权转让及许可数（件）	专利所有权转让及许可收入（万元）
大足区							
荣昌区							
璧山区	87	9	69	4	4		
万州区	234	112	263	85	259	11	856
梁平区							
丰都县							
垫江县							
忠　县							
开州区							
云阳县							
黔江区	87		47				
四川							
成都市	11 586	8874	11 623	8319	51 674	685	50 381
自贡市	340	277	319	195	3070	16	2395
泸州市	544	320	375	129	2670	11	8575
德阳市	526	275	480	228	1696	6	2688
绵阳市	647	412	627	318	1909	120	3363
遂宁市	50	14	50	14	538	1	20
内江市	114	32	151	53	523	20	367
乐山市	147	66	131	54	616	5	130
南充市	346	123	301	98	1494	14	106
眉山市	111	5	101	3	283	1	30
宜宾市	197	106	148	50	658	42	440
广安市	38	10	24	7	303	4	143
达州市	47	29	23	9	71		
雅安市	495	348	426	227	1995	9	355
资阳市					1		

高等院校其他产出及相关情况（2023年）

区域	形成国家或行业标准数（项）	发表科技论文（篇）	# 国外发表	出版科技著作（种）
川渝合计	88	143 021	73 180	3283
重庆	51	46 897	24 987	1548
四川	37	96 124	48 193	1735
成渝地区双城经济圈	88	141 174	72 895	3230
# 占川渝比重（%）	100.00	98.71	99.61	98.39
重庆都市圈	46	45 098	24 595	1440
成都都市圈	35	76 823	41 237	1287
川东北渝东北	2	6529	1928	176
川南渝西地区	3	9912	3060	244
重庆				
渝中区	2	7829	4977	54
大渡口区				
江北区		116		9
沙坪坝区	17	18 323	12 511	503
九龙坡区		323	6	4
南岸区	20	5655	3051	197
北碚区	4	4477	2380	134
渝北区		1612	119	161
巴南区		1829	674	68
涪陵区		668	178	23
长寿区		242	46	74
江津区	2	1473	107	34
合川区		642	70	74
永川区		1441	444	80
南川区				
綦江区				
潼南区				
铜梁区		74		9

续表

区域	形成国家或行业标准数（项）	发表科技论文（篇）	# 国外发表	出版科技著作（种）
大足区		85	2	3
荣昌区				
璧山区		127	19	11
万州区	2	1875	399	101
梁平区				
丰都县				
垫江县				
忠　县				
开州区				
云阳县				
黔江区	4	106	4	9
四川				
成都市	35	74 435	40 619	1239
自贡市	1	1165	626	27
泸州市		4382	1634	59
德阳市		1810	539	38
绵阳市		2454	1050	113
遂宁市		236	29	3
内江市		616	77	19
乐山市		512	158	34
南充市		4020	1457	38
眉山市		542	79	10
宜宾市		676	170	13
广安市	1	182	11	2
达州市		634	72	37
雅安市		2577	1387	50
资阳市		36		

科研机构

科学研究和技术服务业非企业单位R&D人员（2023年）

区域	单位数（个）	R&D人员（人）	#女性	#全时人员	按学历分		
					#博士	#硕士	#本科
川渝合计	716	30 867	11 038	19 688	5396	11 397	11 083
重庆	370	15 127	5223	10 479	2528	4932	6259
四川	346	15 740	5815	9209	2868	6465	4824
成渝地区双城经济圈	609	29 801	10 640	18 923	5357	11 161	10 434
#占川渝比重（%）	85.06	96.55	96.39	96.11	99.28	97.93	94.14
重庆都市圈	229	13 499	4661	9275	2514	4612	5260
成都都市圈	209	12 356	4608	7131	2467	5358	3411
川东北渝东北	96	1924	659	1373	21	433	989
川南渝西地区	109	2895	1098	2020	392	958	1169
重庆							
渝中区	5	493	157	324	17	129	281
大渡口区							
江北区	7	511	171	330	38	214	234
沙坪坝区	13	1009	277	620	225	274	456
九龙坡区	14	1481	629	1189	428	517	463
南岸区	6	666	321	463	51	229	354
北碚区	8	1293	341	968	368	410	415
渝北区	52	5660	1798	3407	1226	2158	1963
巴南区	10	143	58	95	28	65	42
涪陵区	13	307	147	234	3	73	158
长寿区	6	61	15	48	11	16	29
江津区	11	51	24	22		11	33
合川区	14	182	63	150	12	58	88
永川区	11	162	36	122	18	46	88

续表

区域	单位数（个）	R&D人员（人）	# 女性	# 全时人员	按学历分		
					# 博士	# 硕士	# 本科
南川区	8	157	68	148	7	42	66
綦江区	16	132	43	123	1	30	90
潼南区	2	143	45	87	34	38	63
铜梁区	10	188	79	178	7	29	139
大足区	14	317	142	244	3	54	156
荣昌区	4	505	237	487	34	203	135
璧山区	3						
万州区	18	598	227	407	3	164	326
梁平区	9	53	16	37		15	27
丰都县	12	97	22	90	1	18	48
垫江县	7	49	16	24		5	36
忠　县	13	28	8	24		5	15
开州区							
云阳县	10	104	38	95		10	73
黔江区	13	202	62	148	10	36	132
四川							
成都市	200	12 120	4537	6897	2450	5266	3321
自贡市	8	79	13	64	1	27	45
泸州市	6	97	38	10	2	39	46
德阳市	5	200	56	200	15	79	72
绵阳市	4	119	42	65	14	65	38
遂宁市	2						
内江市	9	337	136	265	9	111	158
乐山市	8	157	68	83	2	71	73
南充市	12	748	245	520	15	148	326
眉山市	2	23	11	21	2	5	13
宜宾市	20	1027	350	505	317	408	279
广安市	2	38	10	36	3	16	7
达州市	15	247	87	176	2	68	138
雅安市	5	4	3	4		1	3
资阳市	2	13	4	13		8	5

科学研究和技术服务业非企业单位 R&D 人员折合全时当量（2023 年）

单位：人年

区域	R&D 人员折合全时当量	# 研究人员	按活动类型分		
			基础研究	应用研究	试验发展
川渝合计	24 654	17 685	3085	8872	12 697
重庆	12 513	9160	1591	5335	5587
四川	12 141	8525	1494	3537	7110
成渝地区双城经济圈	23 775	17 053	3073	8646	12 056
# 占川渝比重（%）	96.43	96.43	99.61	97.45	94.95
重庆都市圈	11 120	8074	1570	4862	4688
成都都市圈	9593	6798	1403	3060	5130
川东北渝东北	1617	1118	42	359	1216
川南渝西地区	2306	1709	282	613	1411
重庆					
渝中区	405	291	34	263	108
大渡口区					
江北区	369	261	16	282	71
沙坪坝区	761	521	66	481	214
九龙坡区	1363	1045	175	427	761
南岸区	481	311	60	195	226
北碚区	1149	850	218	694	237
渝北区	4484	3197	617	1854	2013
巴南区	120	105	73	25	22
涪陵区	247	186	3	112	132
长寿区	56	44		41	15
江津区	27	19		20	7
合川区	159	124		34	125
永川区	135	87	5	91	39
南川区	151	114	16	30	105
綦江区	123	119		32	91
潼南区	117	53	52		65
铜梁区	179	154		51	128

续表

区域	R&D 人员折合全时当量	# 研究人员	按活动类型分		
			基础研究	应用研究	试验发展
大足区	263	183	19	81	163
荣昌区	494	389	216	134	144
璧山区					
万州区	499	366	21	156	322
梁平区	42	35			42
丰都县	91	91		16	75
垫江县	36	14		25	11
忠　县	24	13			24
开州区					
云阳县	95	92		19	76
黔江区	174	151		117	57
四川					
成都市	9358	6610	1372	2995	4991
自贡市	74	45		26	48
泸州市	36	30	1	6	29
德阳市	200	160	31	64	105
绵阳市	83	83	10	8	65
遂宁市					
内江市	280	259	14	8	258
乐山市	99	67	6	32	61
南充市	626	393	21	59	546
眉山市	22	15		1	21
宜宾市	695	424	27	164	504
广安市	37	21		15	22
达州市	204	114		84	120
雅安市	4	4		4	
资阳市	13	13			13

科学研究和技术服务业非企业单位 R&D 经费内部支出（2023 年）

单位：万元

区域	R&D经费内部支出	按活动类型分			按支出用途分				按经费来源分			
		基础研究	应用研究	试验发展	日常性支出	#人员劳务费	资产性支出	#仪器和设备	政府资金	企业资金	国外资金	其他资金
川渝合计	1 146 320	106 939	502 386	536 995	917 787	453 758	228 534	151 529	912 810	84 426	189	148 895
重庆	489 657	49 356	172 186	268 115	399 077	220 054	90 581	54 122	383 148	34 825		71 684
四川	656 663	57 583	330 200	268 880	518 710	233 704	137 953	97 407	529 662	49 601	189	77 211
成渝地区双城经济圈	1 113 148	105 915	494 781	512 454	889 071	438 984	224 081	149 120	880 596	83 986	189	148 380
#占川渝比重（%）	97.11	99.04	98.49	95.43	96.87	96.74	98.05	98.41	96.47	99.48	100.00	99.65
重庆都市圈	429 921	47 646	156 621	225 655	348 378	193 208	81 544	49 884	327 174	34 372		68 377
成都都市圈	593 734	54 722	316 857	222 155	466 394	198 730	127 339	90 110	471 595	48 764	189	73 186
川东北渝东北	52 125	2190	10 833	39 103	46 250	28 502	5877	3165	46 917	12		5196
川南渝西地区	76 288	5776	17 860	52 652	60 933	31 683	15 357	6854	72 890	1481		1919
重庆												
渝中区	12 419	4873	5836	1709	11 809	6641	610	594	12 344			75
大渡口区												
江北区	13 807	1696	9874	2237	13 040	9176	766	654	7888			5919
沙坪坝区	24 906	2989	14 487	7430	19 909	13 301	4997	4776	19 324	1731		3851
九龙坡区	62 924	8798	16 257	37 870	53 353	26 090	9571	7810	36 732	4273		21 919
南岸区	30 883	5423	14 697	10 763	18 301	9417	12 582	4895	19 822	4062		6999
北碚区	35 408	5978	19 925	9505	31 896	23 154	3513	2779	28 490	6015		903
渝北区	166 387	9030	55 725	101 633	130 855	73 199	35 532	23 524	124 242	15 455		26 691
巴南区	2829	2084	565	180	2458	1137	371	315	2587	201		42
涪陵区	10 169	105	3245	6819	8180	5110	1989	326	10 015	89		64
长寿区	1033		698	335	964	481	70	65	808			226
江津区	641		492	149	552	418	89	75	641			
合川区	6696		1138	5558	6451	1974	245	200	5949	445		302
永川区	3961	211	2298	1452	3312	2130	649	153	3185			776
南川区	9771	1753	1613	6405	7321	3450	2450	1174	8340	1310		120
綦江区	3577		435	3142	3274	2268	303	280	3152	301		124
潼南区	1338	197		1141	1071	610	267	97	1190	148		
铜梁区	7125		1276	5850	6169	2370	957	347	6418	342		366

续表

区域	R&D经费内部支出	按活动类型分			按支出用途分				按经费来源分			
		基础研究	应用研究	试验发展	日常性支出	# 人员劳务费	资产性支出	# 仪器和设备	政府资金	企业资金	国外资金	其他资金
大足区	11 943	380	2363	9200	11 625	4728	318	76	11 943			
荣昌区	22 446	4129	5306	13 010	16 795	6963	5651	1130	22 446			
璧山区												
万州区	23 520	868	5749	16 904	19 439	11 759	4081	1848	21 380	12		2128
梁平区	1228			1228	1228	617			1228			
丰都县	2311		245	2066	2311	1707			2311			
垫江县	885		393	492	780	582	105	105	885			
忠 县	96			96	96	90			96			
开州区												
云阳县	3967		1211	2755	3967	1403			3967			
黔江区	5112		2960	2153	3842	2309	1270	660	4357			755
四川												
成都市	582 884	54 443	312 419	216 022	457 246	193 305	125 638	88 593	464 869	48 588	189	69 238
自贡市	1718		404	1314	1694	1053	25	25	1310			408
泸州市	1014	3	115	896	939	725	75	75	987			27
德阳市	10 072	279	4430	5362	8924	5280	1147	1031	6124			3948
绵阳市	3044	247	1248	1549	2401	1121	644	491	3044			
遂宁市												
内江市	7195	120	308	6767	7104	5453	91	88	7195			
乐山市	2600	54	555	1990	2583	2294	17	17	2387			213
南充市	17 148	1322	1583	14 244	15 585	10 170	1564	1088	14 534			2614
眉山市	223		8	216	154	78	69	1	47	176		
宜宾市	16 668	933	4863	10 872	9469	5575	7199	4605	15 613	838		218
广安市	1658		391	1267	1043	591	614	614	1658			
达州市	2970		1652	1318	2844	2174	127	124	2516			454
雅安市	17		17		17	14			17			
资阳市	555			555	70	67	485	485	555			

科学研究和技术服务业非企业单位 R&D 经费外部支出（2023 年）

单位：万元

区域	R&D 经费外部支出	# 对境内研究机构支出	# 对境内高等学校支出	# 对境内企业支出
川渝合计	17 857	9137	4651	3142
重庆	12 861	7456	2863	2349
四川	4996	1681	1788	793
成渝地区双城经济圈	17 386	9111	4504	2925
# 占川渝比重（%）	97.36	99.72	96.84	93.09
重庆都市圈	12 368	7310	2814	2132
成都都市圈	4797	1651	1634	778
川东北渝东北	130	120	10	
川南渝西地区	61	30	22	9
重庆				
渝中区				
大渡口区				
江北区	83		18	34
沙坪坝区	187		70	117
九龙坡区	5613	5613		
南岸区	24		5	19
北碚区	1291	313	639	320
渝北区	4721	1220	1982	1520
巴南区	63			
涪陵区	364	157	90	117
长寿区				
江津区				
合川区				
永川区				
南川区	12	7		5
綦江区				
潼南区				
铜梁区				

续表

区域	R&D 经费外部支出	# 对境内研究机构支出	# 对境内高等学校支出	# 对境内企业支出
大足区				
荣昌区				
璧山区				
万州区	120	120		
梁平区	10		10	
丰都县				
垫江县				
忠　县				
开州区				
云阳县				
黔江区				
四川				
成都市	4797	1651	1634	778
自贡市				
泸州市				
德阳市				
绵阳市				
遂宁市				
内江市				
乐山市	30		24	6
南充市				
眉山市				
宜宾市	61	30	22	9
广安市	10		10	
达州市				
雅安市				
资阳市				

科学研究和技术服务业非企业单位 R&D 课题（2023 年）

区域	R&D 课题数（项）	R&D 课题经费（万元）	R&D 课题人员折合全时当量（人年）
川渝合计	**8457**	**448 601**	**17 858**
重庆	4830	201 329	9893
四川	3627	247 272	7965
成渝地区双城经济圈	**8159**	**432 648**	**17 220**
# 占川渝比重（%）	96.48	96.44	96.43
重庆都市圈	4428	174 403	8764
成都都市圈	2905	223 788	6184
川东北渝东北	405	17 784	1219
川南渝西地区	732	36 634	1689
重庆			
渝中区	123	1697	291
大渡口区			
江北区	207	3928	274
沙坪坝区	180	13 596	584
九龙坡区	495	22 688	1188
南岸区	236	9560	346
北碚区	738	30 009	969
渝北区	1712	52 046	3500
巴南区	30	1314	88
涪陵区	90	5059	206
长寿区	7	120	39
江津区	6	66	14
合川区	34	4326	138
永川区	15	2358	92
南川区	128	3929	128
綦江区	31	2441	110
潼南区	26	1133	110
铜梁区	27	4374	119

续表

区域	R&D 课题数（项）	R&D 课题经费（万元）	R&D 课题人员折合全时当量（人年）
大足区	63	6155	214
荣昌区	269	9212	334
璧山区			
万州区	158	4382	416
梁平区	10	959	41
丰都县	11	2311	83
垫江县	4	450	28
忠　县	5	69	24
开州区			
云阳县	9	3330	85
黔江区	29	3280	118
四川			
成都市	2851	222 276	6030
自贡市	7	659	47
泸州市	18	208	33
德阳市	45	1372	129
绵阳市	48	838	50
遂宁市			
内江市	57	7050	201
乐山市	22	510	75
南充市	183	4765	430
眉山市	6	109	16
宜宾市	239	4111	525
广安市	11	392	20
达州市	25	1518	112
雅安市	1	17	4
资阳市	3	31	9

科学研究和技术服务业非企业单位专利产出及相关情况（2023年）

区域	专利申请量（件）	# 发明专利	发明专利有效量（件）	专利所有权转让及许可数（件）	专利所有权转让及许可收入（万元）
川渝合计	**4117**	**2976**	**8506**	**204**	**2490**
重庆	1726	1266	2832	119	1312
四川	2391	1710	5674	85	1178
成渝地区双城经济圈	**4042**	**2949**	**8423**	**204**	**2490**
# 占川渝比重（%）	**98.18**	**99.09**	**99.02**	**100.00**	**100.00**
重庆都市圈	1710	1262	2780	119	1312
成都都市圈	2003	1495	5296	81	1176
川东北渝东北	83	43	117		
川南渝西地区	295	202	327	7	49
重庆					
渝中区	7	2	3		
大渡口区					
江北区	31	22	88		
沙坪坝区	211	203	178	9	102
九龙坡区	209	118	367		
南岸区	54	29	321	4	4
北碚区	195	170	694	17	168
渝北区	846	604	878	85	990
巴南区	10	9	1		
涪陵区	8	8	16		
长寿区	1	1	1		
江津区					
合川区	4				
永川区	2	2	6		
南川区	16	9	56		
綦江区	15	9	40		
潼南区	14	6	8		
铜梁区	8	3	20		

续表

区域	专利申请量（件）	# 发明专利	发明专利有效量（件）	专利所有权转让及许可数（件）	专利所有权转让及许可收入（万元）
大足区	7	6			
荣昌区	69	58	99	4	49
璧山区					
万州区	4	2	24		
梁平区	2	2	16		
丰都县					
垫江县					
忠　县	2				
开州区					
云阳县	7	1	4		
黔江区					
四川					
成都市	1990	1485	5229	81	1176
自贡市	13	6	5		
泸州市	9	6	12		
德阳市	12	9	32		
绵阳市	17	9	55	1	2
遂宁市	6	5	2		
内江市	25	17	15		
乐山市	24	11	11		
南充市	56	33	68		
眉山市	1	1	35		
宜宾市	147	95	130	3	
广安市	3	3	4		
达州市	12	5	5		
雅安市	5				
资阳市					

科学研究和技术服务业非企业单位其他产出情况（2023年）

区域	形成国家或行业标准数（项）	发表科技论文（篇）	# 国外发表	出版科技著作（种）
川渝合计	**270**	**9738**	**2948**	**347**
重庆	104	3133	1065	113
四川	166	6605	1883	234
成渝地区双城经济圈	**268**	**9387**	**2906**	**344**
# 占川渝比重（%）	99.26	96.40	98.58	99.14
重庆都市圈	103	2934	1059	109
成都都市圈	128	5474	1587	215
川东北渝东北	7	282	22	5
川南渝西地区	17	733	278	19
重庆				
渝中区		249	17	41
大渡口区				
江北区	7	287	7	9
沙坪坝区	4	133	43	3
九龙坡区	30	277	110	6
南岸区		181	47	3
北碚区	10	606	505	1
渝北区	45	811	239	27
巴南区		23	18	
涪陵区		31	6	5
长寿区		12		
江津区		5		
合川区		24		1
永川区		25	3	
南川区	2	51	11	2
綦江区		25		2
潼南区		15	2	1
铜梁区		18		3

续表

区域	形成国家或行业标准数（项）	发表科技论文（篇）	# 国外发表	出版科技著作（种）
大足区		33		1
荣昌区		127	51	4
璧山区	4	1		
万州区		94	6	2
梁平区		1		
丰都县		2		1
垫江县		2		
忠县	1	3		1
开州区				
云阳县		3		
黔江区		9		
四川				
成都市	124	5350	1577	208
自贡市	2	34		
泸州市		17	2	
德阳市	4	108	9	6
绵阳市	1	84	13	5
遂宁市		8		
内江市	14	101	6	1
乐山市	12	95	1	1
南充市		132	9	
眉山市		7		1
宜宾市	1	348	216	8
广安市	1			
达州市	6	45	7	1
雅安市		1		
资阳市		9	1	

国家级高新区

国家级高新区企业数量及人员情况（2023年）

区域	工商注册企业数（家）	入统企业数（家）	#高新技术企业数	年末从业人员（人）	#留学归国人员	#外籍常驻人员	#大专以上
川渝合计	**462 463**	**11 878**	**8427**	**1 516 355**	**7494**	**1352**	**810 501**
重庆	170 336	3757	2627	521 885	1911	660	231 053
四川	292 127	8121	5800	994 470	5583	692	579 448
成渝地区双城经济圈	**462 463**	**11 878**	**8427**	**1 516 355**	**7494**	**1352**	**810 501**
重庆							
重庆市	138 379	2409	1803	299 304	557	250	142 472
璧山区	20 231	550	402	89 965	1308	314	46 070
荣昌区	8904	390	196	40 759	20	38	12 773
永川区	2822	408	226	91 857	26	58	29 738
四川							
成都市	222 943	5421	4667	544 602	4901	386	387 850
自贡市	16 490	510	155	59 360	28	44	25 156
攀枝花市	5119	259	68	48 414	112	21	23 790
泸州市	6712	444	172	63 468	232	91	29 173
德阳市	5566	336	136	52 909	47	8	21 522
绵阳市	18 486	565	390	125 212	135	39	56 180
内江市	3915	223	99	32 785	68	73	11 938
乐山市	12 896	363	113	67 720	60	30	23 839

国家级高新区企业主要经济指标（2023 年）

单位：万元

区域	工业总产值	净利润	上缴税费	出口总额
川渝合计	**180 631 293**	**21 455 999**	**10 857 294**	**56 714 302**
重庆	69 780 798	4 434 647	2 202 655	13 078 128
四川	110 850 495	17 021 352	8 654 639	43 636 174
成渝地区双城经济圈	**180 631 294**	**21 456 000**	**10 857 296**	**56 714 302**
重庆				
重庆市	41 260 869	1 784 293	1 168 018	10 840 887
璧山区	9 799 969	908 510	303 931	1 318 975
荣昌区	3 218 047	220 491	142 193	139 353
永川区	15 501 913	1 521 354	588 514	778 913
四川				
成都市	46 402 991	10 248 286	4 553 229	37 906 450
自贡市	5 012 732	401 236	202 053	267 711
攀枝花市	8 105 070	952 904	413 707	72 745
泸州市	10 461 632	2 128 746	1 656 080	271 959
德阳市	7 339 492	605 943	255 638	288 184
绵阳市	13 355 590	315 668	580 345	4 145 328
内江市	4 273 645	391 456	122 002	132 061
乐山市	15 899 344	1 977 113	871 586	551 736

国家级高新区企业营业收入（2023 年）

单位：万元

区域	营业收入	# 技术收入	# 产品销售收入	# 商品销售收入
川渝合计	**252 282 984**	**32 484 126**	**196 713 645**	**14 397 709**
重庆	78 604 902	5 097 181	69 429 322	570 549
四川	173 678 082	27 386 945	127 284 323	13 827 160
成渝地区双城经济圈	**252 282 982**	**32 484 128**	**196 713 645**	**14 397 709**
重庆				
重庆市	48 493 834	4 009 700	41 225 077	315 555
璧山区	10 411 076	311 019	9 821 729	59 513
荣昌区	3 372 523	12 478	3 198 036	100 317
永川区	16 327 468	763 985	15 184 480	95 164
四川				
成都市	95 962 648	24 340 669	61 827 633	7 440 563
自贡市	6 415 286	89 493	5 652 723	291 181
攀枝花市	11 368 853	1 919 486	8 154 094	160 612
泸州市	13 671 830	356 542	12 484 787	567 919
德阳市	8 261 955	195 545	7 861 431	89 700
绵阳市	20 111 726	265 509	14 600 869	4 961 556
内江市	4 035 588	159 795	3 723 329	80 401
乐山市	13 850 195	59 907	12 979 457	235 228

国家级高新区企业主要科技指标（2023年）

区域	研究开发人员（人）	# R&D 人员	R&D 人员折合全时当量（人年）	研究开发经费内部支出（万元）	# R&D 经费内部支出
川渝合计	**276 199**	**139 085**	**93 380**	**9 451 297**	**4 752 133**
重庆	83 161	48 510	29 385	2 593 756	1 370 837
四川	193 038	90 575	63 995	6 857 540	3 381 296
成渝地区双城经济圈	**276 199**	**139 085**	**93 380**	**9 451 297**	**4 752 133**
重庆					
重庆市	58 630	26 603	15 528	1 825 136	776 557
璧山区	11 359	10 684	6676	341 306	260 931
荣昌区	4315	3307	1845	93 055	62 679
永川区	8857	7916	5336	334 259	270 670
四川					
成都市	139 676	57 124	42 109	4 842 500	2 211 544
自贡市	6251	2938	1824	187 106	68 812
攀枝花市	5647	3025	1924	304 817	132 120
泸州市	6302	4259	2650	212 076	136 690
德阳市	4813	3380	1957	137 493	95 225
绵阳市	20 717	13 292	9752	724 549	440 130
内江市	3870	3338	2073	102 843	80 144
乐山市	5762	3219	1706	346 157	216 630

高技术产业（制造业）

高技术产业（制造业）生产经营情况（2023年）

区域	企业数（家）	从业人员平均人数（人）	营业收入（亿元）	利润总额（亿元）
川渝合计	**2893**	**942 698**	**18 129**	**984**
重庆	907	338 188	6902	390
四川	1986	604 510	11 227	594
成渝地区双城经济圈	2773	929 796	17 960	967
# 占川渝比重（%）	95.85	98.63	99.07	98.27
重庆都市圈	810	322 280	6620	369
成都都市圈	1037	386 956	6919	353
川东北渝东北	245	34 337	446	34
川南渝西地区	495	140 556	2304	199
重庆				
渝中区				
大渡口区	19	11 901	126	1
江北区	14	9340	103	−1
沙坪坝区	29	40 232	2042	32
九龙坡区	48	12 512	91	7
南岸区	30	10 069	258	12
北碚区	100	38 769	603	54
渝北区	75	50 431	1697	53
巴南区	37	9573	252	43
涪陵区	23	8926	94	11
长寿区	31	9354	131	19
江津区	37	11 759	118	13
合川区	25	6495	58	6
永川区	48	18 662	242	27
南川区	5	522	8	1

续表

区域	企业数（家）	从业人员平均人数（人）	营业收入（亿元）	利润总额（亿元）
綦江区	23	8142	81	9
潼南区	20	2549	15	
铜梁区	40	13 171	137	7
大足区	23	8738	65	7
荣昌区	50	9840	54	5
璧山区	80	33 925	393	56
万州区	26	4702	21	1
梁平区	8	1703	14	1
丰都县	6	713	2	
垫江县	9	1837	17	1
忠　县	15	2962	108	7
开州区	24	3726	50	1
云阳县	16	2395	36	3
黔江区	4	531	4	
四川				
成都市	812	344 203	6449	309
自贡市	28	3107	27	3
泸州市	73	11 031	175	22
德阳市	115	24 258	268	32
绵阳市	230	78 215	1737	52
遂宁市	119	26 040	510	19
内江市	57	14 568	93	10
乐山市	30	8627	83	7
南充市	73	6858	119	11
眉山市	79	15 329	175	11
宜宾市	116	41 538	1312	96
广安市	53	7370	52	7
达州市	68	9441	79	9
雅安市	24	2566	34	2
资阳市	31	3166	27	1

高技术产业（制造业）R&D人员（2023年）

区域	有R&D活动的企业数（家）	R&D人员（人）	# 研究人员	# 全时人员	R&D人员折合全时当量（人年）
川渝合计	**1433**	**91 701**	**57 680**	**47 072**	**67 659**
重庆	486	31 068	10 694	24 142	22 412
四川	947	60 633	46 986	22 930	45 247
成渝地区双城经济圈	**1382**	**90 783**	**57 183**	**46 742**	**66 989**
# 占川渝比重（%）	96.44	99.00	99.14	99.30	99.01
重庆都市圈	431	29 240	10 531	22 512	21 271
成都都市圈	571	37 151	29 385	14 745	27 138
川东北渝东北	99	2899	1107	1809	1989
川南渝西地区	237	9865	5135	5171	7127
重庆					
渝中区					
大渡口区	14	784	346	660	642
江北区	9	1154	366	1036	922
沙坪坝区	13	3455	1339	3022	2950
九龙坡区	27	1537	518	1254	1180
南岸区	19	1026	401	781	769
北碚区	48	4496	1581	3278	3387
渝北区	46	4271	1729	3619	2357
巴南区	19	1872	808	1453	1718
涪陵区	14	889	261	515	301
长寿区	27	2053	742	1353	1444
江津区	7	281	57	202	125
合川区	17	586	189	445	450
永川区	24	1132	296	803	824
南川区	2	71	28	55	55
綦江区	11	533	177	468	471
潼南区	6	127	28	94	93
铜梁区	36	1136	252	914	867

续表

区域	有 R&D 活动的企业数（家）	R&D 人员（人）	# 研究人员	# 全时人员	R&D 人员折合全时当量（人年）
大足区	12	721	231	579	550
荣昌区	21	906	283	581	561
璧山区	36	1644	448	1274	1140
万州区	16	689	158	548	461
梁平区	4	126	20	56	88
丰都县	2	39	2	32	31
垫江县	5	301	78	263	246
忠　县	11	416	123	282	223
开州区	12	307	78	220	226
云阳县	9	219	71	171	114
黔江区	2	49	17	26	26
四川					
成都市	477	33 004	26 363	13 332	24 047
自贡市	9	245	171	60	156
泸州市	37	919	560	243	642
德阳市	42	2272	1601	807	1766
绵阳市	89	14 021	10 689	5455	11 069
遂宁市	39	1356	1009	278	1075
内江市	35	1378	991	521	953
乐山市	12	430	246	116	346
南充市	23	407	289	123	325
眉山市	44	1779	1351	575	1254
宜宾市	45	2614	2117	800	1978
广安市	23	566	451	126	465
达州市	17	395	288	114	275
雅安市	13	481	360	177	346
资阳市	8	96	70	31	71

高技术产业（制造业）R&D 经费支出（2023 年）

单位：万元

区域	R&D 经费内部支出	按支出用途分		按资金来源分		R&D 经费外部支出
		# 人员劳务费	# 仪器和设备	# 政府资金	# 企业资金	
川渝合计	**3 306 927**	**1 211 111**	**358 030**	**60 324**	**3 242 700**	**276 855**
重庆	1 121 835	387 226	77 595	7851	1 111 535	82 011
四川	2 185 092	823 885	280 435	52 473	2 131 165	194 844
成渝地区双城经济圈	**3 281 716**	**1 203 742**	**353 550**	**59 996**	**3 217 819**	**274 820**
# 占川渝比重（%）	**99.24**	**99.39**	**98.75**	**99.46**	**99.23**	**99.26**
重庆都市圈	1 055 326	373 352	72 948	7479	1 045 399	79 613
成都都市圈	1 292 838	521 777	196 479	22 311	1 269 164	146 816
川东北渝东北	98 021	21 669	4442	1029	96 993	2625
川南渝西地区	333 868	100 808	12 914	7685	326 092	32 218
重庆						
渝中区						
大渡口区	35 560	14 885	1937	10	35 550	24 163
江北区	47 193	17 690	1254	30	47 163	104
沙坪坝区	116 474	47 972	2973	206	116 267	2033
九龙坡区	35 856	13 127	1667	578	35 278	2038
南岸区	25 063	11 736	529	1356	23 706	4089
北碚区	172 320	59 413	14 725	2422	169 654	6457
渝北区	121 831	61 139	3955	1075	118 553	9122
巴南区	137 462	36 397	6596	20	137 442	1256
涪陵区	31 513	9126	3266	264	31 249	283
长寿区	78 937	29 350	12 903	126	78 811	21 962
江津区	8965	1489	320	7	8958	20
合川区	18 316	5111	1195	395	17 921	1204
永川区	47 585	9245	1018		47 585	115
南川区	2011	615	84	6	2005	
綦江区	14 653	6374	723	14	14 640	341
潼南区	2110	812			2110	
铜梁区	50 102	11 741	3544	294	49 808	1460

续表

区域	R&D经费内部支出	按支出用途分		按资金来源分		R&D经费外部支出
		#人员劳务费	#仪器和设备	#政府资金	#企业资金	
大足区	25 590	8107	999		25 590	
荣昌区	18 078	4450	440	565	17 512	4162
璧山区	52 778	20 356	13 349	90	52 688	804
万州区	9511	4615	421	180	9332	489
梁平区	940	439			940	
丰都县	407	231			407	68
垫江县	6469	2865	5	36	6433	99
忠　县	24 087	3280	490		24 087	778
开州区	11 287	2486	566	173	11 114	
云阳县	15 982	1820	1478		15 982	645
黔江区	782	116	166	5	777	307
四川						
成都市	1 193 042	487 623	190 292	19 440	1 172 239	135 719
自贡市	3243	1415	172	631	2612	55
泸州市	39 512	9841	1462	55	39 456	4674
德阳市	53 723	17 565	2837	2165	51 558	2797
绵阳市	597 170	210 472	69 331	18 091	579 079	17 295
遂宁市	38 683	9399	2083	404	38 279	4
内江市	43 445	17 727	740	503	42 942	4123
乐山市	11 887	3805	1026		11 887	679
南充市	19 668	3522	367	640	19 028	137
眉山市	43 663	14 938	3317	572	43 091	8207
宜宾市	82 695	30 419	3496	5616	76 989	17 268
广安市	12 929	4217	1471	21	12 909	
达州市	9670	2411	1115		9670	409
雅安市	18 114	3750	1205	3872	14 242	1361
资阳市	2410	1651	33	134	2276	93

高技术产业（制造业）新产品情况（2023年）

区域	新产品开发项目数（项）	新产品开发经费支出（万元）	新产品销售收入（万元）	# 出口
川渝合计	**17 561**	**3 548 363**	**39 238 669**	**11 068 489**
重庆	5868	1 228 150	18 718 248	9 360 545
四川	11 693	2 320 213	20 520 421	1 707 944
成渝地区双城经济圈	**17 413**	**3 522 987**	**39 031 129**	**11 066 656**
# 占川渝比重（%）	99.16	99.28	99.47	99.98
重庆都市圈	5586	1 157 687	17 771 874	9 337 462
成都都市圈	8526	1 493 834	9 753 270	999 441
川东北渝东北	509	113 390	1 051 430	27 757
川南渝西地区	1779	351 246	4 311 577	389 720
重庆				
渝中区				
大渡口区	156	31 294	831 627	9316
江北区	198	54 526	223 160	149 681
沙坪坝区	232	120 558	6 641 696	6 201 719
九龙坡区	306	36 965	393 446	159 751
南岸区	474	27 498	268 410	11 041
北碚区	1439	232 576	1 733 536	596 638
渝北区	969	137 677	1 718 604	901 772
巴南区	200	141 085	1 819 781	551 229
涪陵区	116	33 484	242 593	17 185
长寿区	147	66 260	570 545	293 455
江津区	87	18 034	184 182	13 613
合川区	172	21 526	207 130	3506
永川区	145	51 767	473 305	89 554
南川区	10	2317	29 217	
綦江区	79	18 021	679 588	10 428
潼南区	25	3466	73 747	
铜梁区	196	52 307	690 993	53 084

续表

区域	新产品开发项目数（项）	新产品开发经费支出（万元）	新产品销售收入（万元）	# 出口
大足区	48	23 873	274 616	24 411
荣昌区	222	23 924	265 461	47 725
璧山区	207	43 621	358 249	200 783
万州区	85	11 107	63 794	6618
梁平区	27	9168	90 366	8515
丰都县	14	964	15 134	1020
垫江县	25	2375	93 991	482
忠　县	67	21 647	274 041	7396
开州区	109	16 589	235 482	21
云阳县	29	14 336	90 438	
黔江区	37	1476	10 903	
四川				
成都市	7802	1 406 818	8 871 597	971 150
自贡市	77	7407	46 695	1238
泸州市	278	45 602	148 631	13 669
德阳市	355	37 812	333 842	7540
绵阳市	1284	501 915	7 712 710	509 050
遂宁市	262	61 969	608 783	31 235
内江市	252	37 464	85 519	994
乐山市	114	15 467	196 462	4954
南充市	95	22 637	36 201	
眉山市	284	44 458	542 524	20 374
宜宾市	395	72 847	1 462 587	135 004
广安市	158	16 908	91 988	2571
达州市	58	14 567	151 983	3705
雅安市	93	13 929	182 265	5852
资阳市	85	4746	5307	377

高技术产业（制造业）专利产出及相关情况（2023年）

单位：件

区域	专利申请量	# 发明专利	发明专利有效量
川渝合计	**18 405**	**9699**	**32 665**
重庆	4423	1677	7884
四川	13 982	8022	24 781
成渝地区双城经济圈	**18 199**	**9653**	**32 319**
# 占川渝比重（％）	98.88	99.53	98.94
重庆都市圈	4165	1618	7477
成都都市圈	9805	6069	16 739
川东北渝东北	485	140	639
川南渝西地区	1029	394	1778
重庆			
渝中区			
大渡口区	477	225	109
江北区	134	53	76
沙坪坝区	99	70	213
九龙坡区	182	52	493
南岸区	148	50	276
北碚区	809	335	1294
渝北区	749	263	1769
巴南区	229	115	1404
涪陵区	77	30	181
长寿区	216	70	379
江津区	81	24	84
合川区	72	28	194
永川区	75	8	40
南川区	5		5
綦江区	48	31	71
潼南区	20	2	17
铜梁区	79	21	131

续表

区域	专利申请量	# 发明专利	发明专利有效量
大足区	3	1	5
荣昌区	108	29	147
璧山区	420	168	444
万州区	84	18	79
梁平区	25	20	47
丰都县	17		66
垫江县	44	15	51
忠　县	21	6	50
开州区	81	20	107
云阳县	14	2	28
黔江区	19	7	16
四川			
成都市	9166	5880	15 972
自贡市	29	18	131
泸州市	161	49	370
德阳市	227	69	481
绵阳市	2602	1364	5363
遂宁市	335	124	495
内江市	137	80	372
乐山市	76	13	169
南充市	121	41	138
眉山市	324	104	257
宜宾市	308	133	427
广安市	134	43	145
达州市	78	18	73
雅安市	77	38	121
资阳市	88	16	29

高技术产业（制造业）技术获取和技术改造（2023年）

单位：万元

区域	引进境外技术经费支出	引进境外技术消化吸收经费支出	购买境内技术经费支出	技术改造经费支出
川渝合计	3479	1256	35 325	249 624
重庆	2545		15 929	54 242
四川	934	1256	19 396	195 382
成渝地区双城经济圈	3479	1256	35 325	249 523
# 占川渝比重（%）	100.00	100.00	100.00	99.96
重庆都市圈	2545		15 922	51 521
成都都市圈	294		10 467	85 475
川东北渝东北			18	3222
川南渝西地区			6343	16 979
重庆				
渝中区				
大渡口区			6	2320
江北区				
沙坪坝区			230	6072
九龙坡区				84
南岸区	15		1343	808
北碚区			3110	7566
渝北区	700		1256	3751
巴南区				3588
涪陵区	1389			1671
长寿区			103	2367
江津区				94
合川区			9874	3719
永川区				1000
南川区				
綦江区				11 245
潼南区				
铜梁区				612

续表

区域	引进境外技术经费支出	引进境外技术消化吸收经费支出	购买境内技术经费支出	技术改造经费支出
大足区				
荣昌区				
璧山区	441			6422
万州区				819
梁平区				
丰都县			6	
垫江县				
忠　县				4
开州区				184
云阳县				1674
黔江区				239
四川				
成都市	294		6168	76 284
自贡市			12	1824
泸州市				951
德阳市			4299	8522
绵阳市	640	1256	2490	100 930
遂宁市			5	1622
内江市				654
乐山市			8	885
南充市			12	317
眉山市				669
宜宾市			6331	599
广安市				202
达州市				224
雅安市			72	1601
资阳市				

高技术产业（制造业）企业办研发机构（2023年）

区域	有研发机构的企业数（家）	机构数（个）	机构人员数（人）	机构经费支出（万元）	机构仪器和设备原价（万元）
川渝合计	830	963	58 061	2 511 030	2 236 211
重庆	325	366	18 713	950 746	925 105
四川	505	597	39 348	1 560 284	1 311 106
成渝地区双城经济圈	812	945	57 605	2 492 693	2 216 965
#　占川渝比重（%）	97.83	98.13	99.21	99.27	99.14
重庆都市圈	286	322	17 609	922 016	900 613
成都都市圈	314	377	24 230	968 856	1 087 444
川东北渝东北	82	88	2104	49 355	35 188
川南渝西地区	140	156	4863	247 787	143 086
重庆					
渝中区					
大渡口区	4	4	393	54 852	11 089
江北区	5	5	194	5598	1703
沙坪坝区	5	8	1445	44 714	37 652
九龙坡区	15	17	928	30 086	14 187
南岸区	15	16	717	19 566	20 698
北碚区	27	36	3904	204 159	100 346
渝北区	26	29	2539	91 736	23 796
巴南区	19	28	1126	156 570	485 974
涪陵区	13	13	422	23 721	21 007
长寿区	8	12	1297	71 706	52 475
江津区	6	6	126	7131	3399
合川区	7	8	305	15 741	5300
永川区	18	18	627	39 821	14 372
南川区	4	4	120	3711	1587
綦江区	5	5	267	15 305	6614
潼南区	3	3	45	734	913
铜梁区	25	25	622	33 639	20 027

续表

区域	有研发机构的企业数（家）	机构数（个）	机构人员数（人）	机构经费支出（万元）	机构仪器和设备原价（万元）
大足区	12	12	216	23 637	5087
荣昌区	24	27	761	18 070	19 481
璧山区	22	22	968	47 918	46 821
万州区	12	12	541	6816	6198
梁平区	3	3	114	814	1061
丰都县	1	1	64	734	90
垫江县	5	5	260	5425	5291
忠　县	7	10	207	13 499	5943
开州区	14	14	258	7805	3930
云阳县	9	12	95	1890	5445
黔江区	1	1	13	248	83
四川					
成都市	256	314	21 417	878 955	920 240
自贡市	10	12	293	4082	4026
泸州市	17	20	535	29 866	11 240
德阳市	22	26	1618	42 024	36 433
绵阳市	47	56	10 249	399 207	75 765
遂宁市	18	18	525	29 603	31 975
内江市	7	7	706	38 895	25 914
乐山市	7	7	348	5920	5203
南充市	11	11	115	2329	1658
眉山市	27	28	1099	45 128	129 685
宜宾市	16	24	710	37 341	32 926
广安市	23	24	587	13 601	8085
达州市	20	20	450	10 043	5572
雅安市	7	13	283	7304	6588
资阳市	9	9	96	2749	1086

大事记

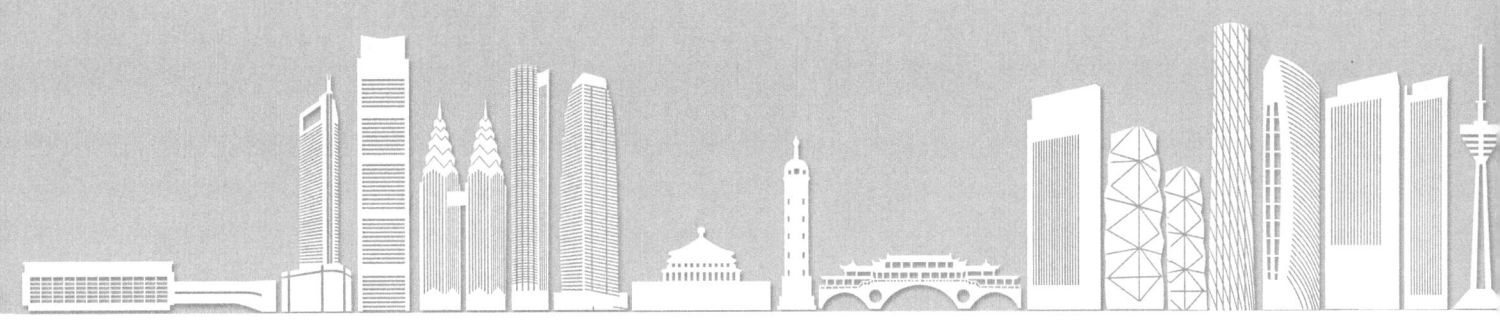

2023 年

1 月

1月9日，四川省人民政府办公厅印发《四川省贯彻〈成渝共建西部金融中心规划〉实施方案》，就深入开展科创金融改革和打造中国（西部）金融科技发展高地两个方面作出明确部署。

1月14日，国家发展改革委批复同意《推动川南渝西地区融合发展总体方案》《推动川渝万达开地区统筹发展总体方案》，明确提出推动川南、渝西地区融合发展，对支持万州、达州、开州统筹发展作出重要部署。

1月16日，推动成渝地区双城经济圈建设联合办公室2023年第一次主任调度会在重庆市召开。会议围绕落实重庆四川党政联席会议第六次会议精神，重点研究优化完善定期交流机制、闭环落实机制、专班推进机制"三个机制"，研究部署下一阶段重点工作。

1月28日，重庆市召开建设成渝地区双城经济圈工作推进大会。会议强调以成渝地区双城经济圈建设为引领，全面推进现代化新重庆建设开好局起好步。

1月31日，重庆市人民政府办公厅、四川省人民政府办公厅印发《推动成渝地区双城经济圈市场一体化建设行动方案》，合力打造区域协作高水平样板，加快融入高效规范、公平竞争、充分开放的全国统一大市场建设。

2 月

2月10日，推动成渝地区双城经济圈建设联合办公室印发《共建成渝地区双城经济圈2023年重大项目清单》，全力推动双城经济圈建设走深走实、乘势跃升。

2月15日，科技部批复同意《成渝地区共建"一带一路"科技创新合作区实施方案》，标志着全国首个"一带一路"科技创新合作区正式获批建设。

3月

3月2日，重庆市人民政府、四川省人民政府印发《推动川南渝西地区融合发展总体方案》，有利于优化区域产业链布局，提升经济发展能级和水平，加快形成带动成渝地区高质量发展的重要增长极；有利于推进区域协调发展，增强对成渝地区的辐射带动作用，助推新时代西部大开发形成新格局；有利于创新区域融合发展体制机制，探索经济区与行政区适度分离改革有效路径，为跨区域融合发展提供经验借鉴。

3月10日，重庆市人民政府、四川省人民政府印发《重庆市推动成渝地区双城经济圈建设行动方案（2023—2027年）》，引导全市各级各部门在推动成渝地区双城经济圈建设上干出新业绩，加快建设社会主义现代化新重庆。

3月11日，重庆市人民政府、四川省人民政府印发《推动川渝万达开地区统筹发展总体方案》，就支持万州、达州、开州统筹发展作出明确部署。旨在打造跨区域的生态优先绿色发展样板、统筹发展制度创新先行区、全国综合交通物流枢纽和川渝东北地区重要增长极，引领渝东北川东北一体化发展，探索省际交界地区统筹发展。

3月31日，科技部、国家发展改革委、教育部、工业和信息化部、财政部、人力资源社会保障部、人民银行、国资委、海关总署、知识产权局、中国科学院、中国工程院、重庆市人民政府、四川省人民政府印发《关于进一步支持西部科学城加快建设的意见》，支持成渝地区以"一城多园"模式加快建设西部科学城，打造具有全国影响力的科技创新中心。

3月31日，首届成渝地区双城经济圈民营经济高质量发展合作峰会在重庆市荣昌区举办。峰会以"创新融合、共赢未来"为主题，旨在进一步加强成渝地区政府、商会和企业之间的交流合作，共同推动成渝地区民营经济高质量发展。

4月

4月7日，成渝地区双城经济圈科研院所联盟成立大会在成都市召开，旨在促进川渝人才、技术、资本等创新要素跨区域流动和对接，为两地政府部门科学决策提供参考，为成渝地区建设具有全国影响力的科技创新中心贡献力量。

4月8日，推动成渝地区双城经济圈建设联合办公室2023年第二次主任调度会在成都市召开。调度遂潼川渝毗邻地区一体化发展先行区建设和生态环境共建专项工作推进情况，审议万达开技术创新中心建设方案，研究部署有关工作。

4月22日，重庆市人民政府、四川省人民政府印发《成渝地区共建"一带一路"科技创新合作区实施方案》，确定了合作区的四大战略定位，即面向"一带一路"的科技交往中心、技术转移枢纽、协同创新平台、产创融合高地。

4月26日，第二届成渝地区双城经济圈全球投资推介会在深圳市举行。会上，川渝联合推介双城经济圈投资的新机遇、好产业；共同发布"双城双百"产业投资机会清单及成渝地区双城经济圈协同招商10条措施，推出投资项目规模约1.2万亿元。

4月26—27日，川渝两省市人大常委会协同助力成渝地区双城经济圈建设第四次联席会议在广安市召开。会议就2022年双方合作事项进行总结交流，并确定7项2023年度协同助力成渝地区双城经济圈建设合作事项。

4月27日，四川省召开推动成渝地区双城经济圈建设暨推进区域协同发展领导小组第五次会议。会议强调要加强组织领导、强化统筹协调，形成齐抓共管、密切配合的强大合力，更好推动高水平区域协调发展。

5月

5月4日，重庆市人民政府办公厅、四川省人民政府办公厅印发《成渝地区双城经济圈"放管服"改革2023年重点工作任务清单》《川渝"一件事一次办"事项清单（第一批）》《川渝"免证办"事项清单》《川渝跨区域数字化场景应用清单》。

5月5日，2023年川渝省市政协协力助推成渝地区双城经济圈建设联席会议在成都市召开。会后，川渝两省市政协党组分别向党委报送了《深入推动成渝地区双城经济圈建设乘势跃升的若干建议》。

5月14日，四川省委、省政府印发《关于支持川中丘陵地区四市打造产业发展新高地加快成渝地区中部崛起的意见》，支持川中丘陵地区自贡、遂宁、内江、资阳四市打造产业发展新高地。

5月26日，国家开发银行印发《国家开发银行支持成渝地区双城经济圈建设指导意见（2023年版）》。发挥开发性金融功能作用，以重大项目为抓手助力成渝地区双城经济圈建设全面加速。

6月

6月14日，重庆市召开推动成渝地区双城经济圈建设领导小组会议。会议强调，要共同唱好新时代西部"双城记"，形成更大标志性成果。

6月15日，成渝地区双城经济圈国际科技合作基地联盟工业领域专题活动会在成都市召开。会议指出，下一步要以改革创新精神高质量建设国合基地。

6月26日，推动成渝地区双城经济圈建设重庆四川党政联席会议第七次会议在重庆市璧山区召开。会议听取了强化川渝协同、双核联动联建有关工作情况汇报，审议了《关于优化完善推动成渝地区双城经济圈建设川渝合作工作机制的建议》、2023年下半年重点合作事项清单。

6月28日，重庆市人民政府、四川省人民政府印发《川渝自贸试验区协同开放示范区深化改革创新行动方案（2023—2025年）》，进一步深化川渝自贸试验区协同改革、协同开放、协同创新。

7月

7月10日，首届成渝地区双城经济圈文化产业发展峰会在重庆市举行。峰会围绕成渝地区双城经济圈建设、文化产业发展等方面开展主旨分享、主题演讲、圆桌对话交流，共同搭建成渝地区双城经济圈文化产业发展合作平台，助推成渝两地民营经济高质量发展。

7月14日，重庆市政协、四川省政协"推动川渝毗邻地区协同发展"联合协商会议在广安市召开。同题共答、同向发力，服务好川渝"一盘棋""一体化"。

7月20日，推动成渝地区双城经济圈建设联合办公室印发《关于调整推动成渝地区双城经济圈建设联合办公室组织架构的通知》。

8月

8月16日，推动成渝地区双城经济圈建设联合办公室发布《成渝地区双城经济圈建设规划（方案）明确重点项目清单》，明确重点项目593项，总投资约5.22万亿元。

8月21日，国家发展改革委向全国发展改革系统总结推广成渝地区双城经济圈跨区域协作18条经验做法。

9月

9月7日，推动成渝地区双城经济圈建设专题研讨班在北京大学政府管理学院圆满结课。研讨班旨在贯彻落实党中央关于推动成渝地区双城经济圈建设的重大决策部署，合力推动四川、重庆两省市党政联席会议确定的重点工作任务落地落实。

9月19日，四川省政府办公厅对推动成渝地区双城经济圈建设成效明显的地方予以通报激励。

9月27日，重庆成都双核联动联建会议第二次会议在成都市召开。共谋落实国家战略之计，共谱区域合作新篇。

10 月

10月10日，推动成渝地区双城经济圈建设科技协同创新专项工作组第六次会议在重庆市召开。

10月11日，国家发展改革委组织召开专题会议，研究推动成渝地区双城经济圈建设。

10月17日，推动成渝地区双城经济圈建设联合办公室召开2023年第三次主任调度会。调度川渝合作重大事项，审议通过共建成渝地区双城经济圈2023年重大项目优化调整名单，研究部署下一步工作。

11 月

11月3日，重庆市科学技术局、四川省科学技术厅联合发布《川渝共建重点实验室建设与运行管理办法》，加快集聚创新资源，开展高质量协同创新，助推建设具有全国影响力的科技创新中心。

11月4日，重庆市人民政府办公厅、四川省人民政府办公厅联合印发《成渝地区双城经济圈"六江"生态廊道建设规划（2022—2035年）》，开展生态共保、生态共建、生态共享，推进长江、嘉陵江、乌江、岷江、涪江、沱江等"六江"生态廊道建设，助推区域生态文明建设高质量发展。

11月6—7日，首届"一带一路"科技交流大会在重庆市举行。中共中央政治局委员、重庆市委书记袁家军在开幕式上宣读了习近平主席的贺信。中共中央政治局常委、国务院副总理丁薛祥出席开幕式并致辞。

11月8日，首届川渝临床研究融合创新发展论坛在成都市举办。会上，全国首批区域性临床研究联盟"川渝临床研究/试验区域伦理联盟""川渝临床研究联盟"宣布启动成立。

11月13日，四川、重庆两省市选派第四批100名年轻干部互派挂职（顶岗）工作。

11月14日，推动成渝地区双城经济圈建设联合办公室召开2023年第四次主任调度会。调度川渝高竹新区、明月山绿色发展示范带、内江荣昌现代农业高新技术产业示范区建设情况，研究重庆四川党政联席会议第八次会议筹备情况，部署下一步工作。

11月22—26日，由科技部和四川省人民政府共同主办，以"科技引领·创新转化·开放合作"为主题的第十一届中国（绵阳）科技城国际科技博览会在绵阳市举办。印度尼西亚担任主宾国。

11月23日，首届川渝科普大会在绵阳市举行。会上发布"具有影响力的川渝科普场馆""具有影响力的川渝科普榜样"等川渝地区系列科普榜单，并发出《"上天府科技云，向科学要答案"倡议书》。

11月28日，重庆四川常务副省市长协调会议第八次会议以视频连线形式召开。

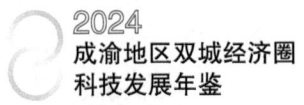

12月

12月4日,重庆市科学技术局、四川省科学技术厅联合印发《川渝科研机构协同创新行动方案》,切实加强川渝科研机构创新协作。

12月7—8日,四川省科学技术厅、重庆市科学技术局在重庆联合举办了川渝实验动物从业人员继续教育培训会。

12月12日,由重庆市科协和四川省科协共同主办的"汇聚科技力量 助力双城发展"2023川渝科技学术大会在重庆市举行,川渝两地科技工作者共享学术成果,共话创新发展。

12月20日,四川省科普工作联席会议办公室印发《关于大力加强科普能力建设 夯实创新发展基础的意见》,意见中指出要深化川渝两地科普合作。

12月21日,2023年川渝博士后学术交流活动暨成渝地区双城经济圈(泸州)先进技术研究院"揭榜挂帅"项目签约仪式在巨洋会议中心举行。

12月25日,重庆市召开推动成渝地区双城经济圈建设领导小组第十五次会议。要求完善共建体系、实现共赢发展,进一步推动双城经济圈建设走深走实,不断提升成渝地区一体化发展水平。

12月28日,推动成渝地区双城经济圈建设重庆四川党政联席会议第八次会议在绵阳市召开。会议坚持"川渝一盘棋",推进协同发展,不断提高双城经济圈经济辐射力和发展带动力。

附 录

政策规划

科技部等印发《关于进一步支持西部科学城加快建设的意见》的通知[①]

国科发规〔2023〕31号

建设西部科学城是党中央作出的战略部署,对于推动成渝地区双城经济圈成为带动全国高质量发展的重要增长极和新的动力源,支撑共建"一带一路"、长江经济带发展、新时代西部大开发等重大战略具有重要意义。为贯彻落实《成渝地区双城经济圈建设规划纲要》,支持成渝地区以"一城多园"模式加快建设西部科学城,打造具有全国影响力的科技创新中心,现提出如下意见。

一、总体要求

(一)指导思想。以习近平新时代中国特色社会主义思想为指导,全面贯彻落实党的二十大精神,深入贯彻中央关于新时代西部大开发和成渝地区双城经济圈建设的战略决策,立足新发展阶段,完整、准确、全面贯彻新发展理念,着力推进高质量发展,主动构建新发展格局,坚持"四个面向",突出创新策源、产业牵引、区域联动,努力建设国家战略科技力量的纵深承载地、西部高质量发展的创新策源地、长江经济带绿色发展的引领示范地、"一带一路"科技合作的开放新高地,为实现高水平科技自立自强、建设世界科技强国作出更大贡献。

(二)主要目标。以西部(成都)科学城、重庆两江协同创新区、西部(重庆)科学城、中国(绵阳)科技城作为先行启动区,加快形成连片发展态势和集聚发展效应,有力带动成渝地区全面发展,形成定位清晰、优势互补、分工明确的协同创新网络,逐步构建"核心带动、多点支撑、整体协同"的发展态势。

[①] 发文单位为科技部、国家发展改革委、教育部、工业和信息化部、财政部、人力资源社会保障部、人民银行、国资委、海关总署、知识产权局、中国科学院、中国工程院、重庆市人民政府、四川省人民政府,发文时间为2023年3月31日。

到 2025 年，西部科学城建成若干国际领先的重大创新平台和研究基地，集聚一批具有国际影响力的高校、科研机构、创新型企业，在物质科学、核科学等基础学科领域实现原创引领，壮大战略性新兴产业集群，"科教产城人"融合发展体系基本建立，全社会研发经费投入占地区生产总值比重超过 5%，万人高价值发明专利达到 80 件以上，国家高新技术企业 7000 家以上，高技术产业营收年均增速 8%，技术合同成交额年均增速 5% 以上。

到 2035 年，西部科学城建成综合性科学中心，科技综合实力迈入全国前列，集聚世界顶尖科学家群体，重点领域实现全球领先原创成果突破，主导产业迈入全球价值链高端，营造全球一流创新生态，引领成渝地区建成具有全国影响力的科技创新中心。

二、打造战略科技力量，合作共建国家级创新平台

（三）构建高水平实验室体系。落实中央决策部署，支持优势科技力量参与国家实验室"核心+基地+网络"建设，做好服务保障工作。聚焦重点优势领域，支持在西部科学城新建一批全国重点实验室。支持川渝共建联合实验室，谋划建设一批省（市）实验室。（重庆市、四川省、科技部、国资委牵头负责）

（四）集中布局重大科技基础设施集群。加快建设成渝综合性科学中心。推动跨尺度矢量光场时空调控验证装置、电磁驱动聚变装置等设施加快落实前提条件，尽快启动建设。加快培育超瞬态实验装置储备项目。加强大规模分布孔径深空探测雷达、空间太阳能电站关键系统综合研究设施、多态耦合轨道交通动模试验平台、柔性基底微纳结构成像系统研究装置等探索预研。筹备论证汽车软件虚拟孪生开发云、健康医疗大数据中心等创新平台。（重庆市、四川省、发展改革委、科技部、工业和信息化部、教育部、中科院牵头负责）

（五）联合共建重大创新平台。围绕绿色技术、智能技术相关领域，整合成渝地区创新资源，培育创建成渝国家技术创新中心。培育建设一批国家产业创新中心、国家工程研究中心、国家技术创新中心、临床医学研究中心、国家医学中心、国家野外科学观测研究站等国家级创新平台。布局建设制造业创新中心，支持建设国家技术转移成渝中心，打造国家科技成果转移转化枢纽平台。鼓励科技领军企业牵头组建创新联合体和共性技术研发基地，承担国家重大科技项目。加大国家级双创示范基地、孵化器、大学科技园、众创空间布局力度。（重庆市、四川省、科技部、发展改革委、工业和信息化部、国资委牵头负责）

（六）合作建设一流高校科研院所和新型研发机构。依托区域优势高校和优势学科加强数学、电子科学与技术、临床医学、水利与土木工程等学科基础研究和原始创新能力，培育建设一批基础学科拔尖人才培养基地、基础学科研究中心、前沿科学中心。鼓励瞄准成渝地区优势产业，与科技企业合作开展基础前沿技术研究。支持中国科学院大学重庆学院、成都学院加大急需紧缺专业硕、博研究生培养力度，支持中国科学院驻成渝地区科研机构高质量发展。支持国家科研机构、高水平研究型大学、中央企业在西部科学城设立分院、研究院或新型研发机构等。（重庆市、四川省、科

技部、教育部、中科院牵头负责）

三、聚焦关键核心技术，增强战略性产业竞争优势

（七）加大科技联合攻关协同力度。建立部省（市）协同的科技联合攻关机制，支持实施部省（市）联动项目，鼓励成渝地区设立联合攻关基金，优化部省（市）协同的组织机制、产业创新融合的实施机制、绩效创新导向的成果评价机制和多元主体参与的资金投入机制，合力推动项目、人才、基地、资金一体化配置。（重庆市、四川省、科技部牵头负责）

（八）协同开展关键核心技术攻关。支持成渝地区瞄准世界科技前沿，聚焦国家重大需求，在基础研究、应用基础研究、关键核心技术攻关领域，积极承担国家重大科技项目。规划建设成渝中线科创走廊，联合开展产业共性技术攻关。持续推进高价值专利育成中心建设，培育一批高价值核心专利和专利组合。联合国家高端智库，共建科技创新平台，开展重大战略咨询、院士专家参与重大技术攻关、高端学术活动等。（重庆市、四川省、科技部、工业和信息化部、知识产权局、中科院、工程院牵头负责）

（九）协力塑造产业竞争新优势。成渝地区携手打造世界级汽车、电子信息、装备制造产业集群及相关检验检测高技术服务产业集聚区，培育建设氢能、高端口腔设备器材、军工智能装备、医用同位素及放射性药物等国家级高新技术产业化基地。推进国家新一代人工智能创新发展试验区、国家人工智能创新应用先导区、国家数字经济创新发展试验区建设，支持打造新一代人工智能示范应用场景，成为大数据智能化创新发展样板。创建国家未来产业先导试验区，开展国家区块链创新应用综合性试点，打造全国一体化算力网络成渝国家枢纽节点。（重庆市、四川省、发展改革委、工业和信息化部、科技部牵头负责）

四、深化科技体制机制改革，持续优化创新生态

（十）集聚培养高端人才和创新团队。在西部科学城试点实行更加开放更加便利的人才吸引集聚政策。优化外国人来华工作许可和工作类居留许可审批流程，开展跨区域人才"同城化融入"保障机制先行试点，允许在"一带一路"科技交流大会等期间试行经外事管理部门批准的更大力度的人员出入境等配套政策，并推动常态化、制度化。允许中央企事业单位科技人才按有关规定在西部科学城兼职并取得合法报酬，实行专业技术人才落户"零门槛"。加快完善西部科学城公共交通及生活配套设施。（重庆市、四川省、科技部、发展改革委、人力资源社会保障部牵头负责）

（十一）推动科技与金融深度融合。支持有条件的地方开展科创金融改革试验，高水平建设绿色金融改革创新试验区，设立区域性金融科技研究机构、金融市场学院，建设科技金融创新服务中心，布局金融安全基础设施，鼓励有关机构依规申请设立国家科技成果转化引导基金创业投资子基金，推动中外资金融机构、国内外金融科技企业集聚发展。支持成渝地区发展"数据驱动"的科技

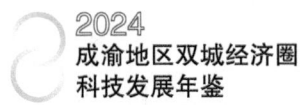

金融模式，探索建立跨省（市）联合授信机制，放开基金工商注册落地限制。（重庆市、四川省、人民银行、科技部牵头负责）

（十二）推动创新政策先行先试。支持打造具有研发创新特色的综合保税区，充分发挥综合保税区产业集聚和辐射带动作用，助力实现高水平自立自强。开通重要科研物资通关绿色通道，探索省（市）级人民政府担任科技类国际组织业务主管部门。（重庆市、四川省、科技部、海关总署牵头负责）

五、强化区域交流合作，建设西部内陆开放新高地

（十三）加强创新高地合作共赢。深入对接京津冀协同、长三角一体化、粤港澳大湾区等国家重大战略区域，共同实施重大科技项目，联合开展重大科技攻关。（重庆市、四川省、科技部、发展改革委牵头负责）

（十四）加强国际科技交流合作。高水平建设"一带一路"科技创新合作区和国际技术转移中心，布局"一带一路"国际科技合作基地和国别合作园区，国际国内双向建立联合实验室、全球研发中心、国际科技园区等平台，积极参与并探索牵头发起国际大科学计划和大科学工程。布局开通国际学术互联网。高水平举办"一带一路"科技交流大会，打造国家级科技交流品牌。持续办好中国国际智能产业博览会、中国（绵阳）科技城国际科技博览会等活动。（重庆市、四川省、科技部、工业和信息化部、教育部牵头负责）

六、组织实施保障

（十五）强化组织保障。在坚持和强化西部科学城现有组织推进机制的基础上，建立西部科学城常态化指导、考核等工作机制，深化西部科学城协调会议机制，在园区协同管理、项目税收分成、指标统计协调、利益争端处理等方面先行先试。（重庆市、四川省、科技部、发展改革委牵头负责）

（十六）加大支持力度。国家有关部委结合西部科学城建设需求，在科技体制创新试点、重大科技计划项目、创新基础设施建设、创新人才培养引进、创新金融支持等方面给予支持。探索跨行政区域合作共建重大创新载体、联合资助重大科技项目的组织模式，探索自主出题、定向委托和自主管理等新型项目管理方式，更好发挥财政资金的杠杆作用，提升财政资金使用效率。（重庆市、四川省、科技部、财政部牵头负责）

（十七）加强监测评估。在研发投入强度、产业创新发展、创新要素集聚、创新生态营造、两地协同联动等重点方面，建立科学实用、系统规范的一体化发展评估指标体系。及时定期动态监测评估西部科学城的建设进展及成效。（重庆市、四川省、科技部、发展改革委牵头负责）

重庆市人民政府　四川省人民政府关于印发推动川渝万达开地区统筹发展总体方案的通知[①]

渝府发〔2023〕9号

中共中央、国务院印发的《成渝地区双城经济圈建设规划纲要》，对支持万州、达州、开州（以下简称万达开地区）统筹发展作出明确部署。万达开地区位于三峡库区和秦巴山区腹心地带，总面积2.41万平方公里，是长江上游生态屏障的重要关口和成渝地区东出北上的主要门户，2022年常住人口814.8万人、地区生产总值4283.2亿元。区域内红色文化、移民文化、巴蜀文化等历史文化璀璨多彩，天然气、锂、钾等矿产资源富集，道地中药材、富硒农产品等山地农业资源禀赋良好，统筹发展基础好、潜力大。推动万达开地区统筹发展，是践行习近平生态文明思想、筑牢长江上游生态屏障的生动实践，是引领渝东北川东北一体化发展、推动成渝地区双城经济圈建设的重要支撑，是推动经济区与行政区适度分离改革、促进省际交界地区统筹发展的积极探索。为推动万达开地区统筹发展高起点规划、高标准建设、高质量发展，制定本方案。

一、总体要求

（一）指导思想。

以习近平新时代中国特色社会主义思想为指导，全面贯彻落实党的二十大精神，坚持稳中求进工作总基调，完整、准确、全面贯彻新发展理念，积极服务和融入新发展格局，着力推动高质量发展，把实施扩大内需战略同深化供给侧结构性改革有机结合起来，坚持生态优先、绿色发展，牢固树立"一盘棋"思想，加强规划、政策、项目统筹，处理好政府与市场、地区与地区、产业转移与生态保护的关系，发挥川渝东出北上门户优势，大力推进产业生态化、生态产业化，共同推动形成节约资源和保护环境的空间格局、产业结构、生产方式、生活方式，共同打造生态环境更加优美、经济实力持续增强、人民群众安居乐业的省际交界地区统筹发展新范例。

（二）基本原则。

坚持系统观念、整体联动。坚持统筹发展，立足当前、着眼长远、稳扎稳打、久久为功，研究制定看得见、摸得着、见实效的政策举措，协同推进规划衔接、政策对接、产业链接，探索跨行政区域共建共享的统筹发展制度体系，提升整体发展能级，带动周边区域协调联动发展。

坚持生态优先、绿色发展。牢固树立和践行绿水青山就是金山银山的理念，强化生态保护和修复，构建绿色低碳生产生活方式，推动适宜发展地区土地集约利用、产业集聚发展、人口集中承载，

[①] 发文单位为重庆市人民政府、四川省人民政府，发文时间为2023年3月11日。

降低生态脆弱地区土地开发强度、低效过度投入、生态环境负荷，共同打造绿色发展底色。

坚持改革创新、重点突破。以经济区与行政区适度分离改革为引领，破除地方保护主义，消除区域市场壁垒，立足生态保护、产业发展、公共服务等重点领域，抓住突出、紧迫的关键性问题，探索符合高质量发展的成本共担和利益共享机制，以重点改革"小切口"推动统筹发展"大突破"。

坚持民生为本、共建共享。坚持把增进民生福祉作为根本目的，推动巩固拓展脱贫攻坚成果同乡村振兴有效衔接，补齐城乡基本公共服务短板，增加优质公共产品和公共服务供给，提高民生保障水平，推动各项改革发展成果普惠化、便利化，不断增强人民群众的获得感、幸福感、安全感。

（三）战略定位。

生态优先绿色发展样板。立足良好的生态本底和独特的生态功能，切实抓好三峡库区腹地水源涵养、秦巴山重点生态功能区建设，构建青绿交织、山水相依的跨区域生态网络，推动形成绿色生产生活方式，打造生态价值有效转化的绿色发展新范例。

统筹发展制度创新先行区。探索建立行之有效的统筹发展体制机制，系统推进规划管理、生态保护、产业协作、土地利用、要素流动、财税分享、公共服务等领域改革，不断激发区域协调发展新活力，为省际交界地区统筹发展提供借鉴。

全国综合交通物流枢纽。积极融入长江经济带综合交通运输体系，有效衔接西部陆海新通道和中欧班列，强化物流集散中心功能，加快构建铁公水空立体交通物流通道，打造连接东西、沟通南北的综合交通物流枢纽。

川渝东北地区重要增长极。积极服务川渝现代产业体系建设，强化产业链价值链对接协作，挖掘天然气、锂、钾等矿产资源和大三峡、大巴山等文旅资源，提升先进材料、能源化工、装备制造、食品医药、文化旅游等产业竞争力，推动产业、人口及各类生产要素高效集聚，打造引领带动渝东北川东北高质量发展的区域经济中心。

（四）发展目标。

到2025年，统筹发展制度体系加快建立，区域经济实力、生态质量、枢纽功能持续提升，聚集发展态势加快形成，支撑渝东北川东北一体化发展作用不断增强。

生态安全屏障更加牢固。三峡库区腹地核心作用进一步凸显，水土保持、生物多样性等生态功能显著提升，生态环境联防联控联治能力不断强化，长江上游生态安全支撑作用有效发挥。跨界河流断面水质达标率达到100%，森林覆盖率达到50%。

通道枢纽功能显著增强。内畅外联的综合立体交通体系加快构建，铁公水空集疏转运能力显著增强，综合物流成本有效降低，智慧物流效率不断提升。高速公路网络进一步优化，社会物流总额在"十四五"期间翻一番。

重点合作领域取得突破。招商引资、项目管理、市场监管等经济管理权限实现跨区域协同，基础设施互联互通、生态环保联防联治、公共服务共建共享等一批关键性、支撑性、撬动性项目建成运行。

内生发展动力明显提升。综合经济实力显著增强，产业延链补链强链协同效率不断提高，特色优势产业集群初步形成，碳达峰工作取得明显成效，绿色创新发展潜能不断激发，人民生活水平不断提升。

统筹发展体制机制基本建立。统一协调的区域规划、政策设计、项目管理体系加快形成，妨碍要素市场化配置的行政壁垒逐步减少，制度性交易成本不断降低，经济区与行政区适度分离改革实现突破，形成一批可复制可推广的统筹发展制度成果。

到 2035 年，地区综合经济实力显著增强，产业协作水平明显提高，全国综合交通物流枢纽功能更加突出，统筹发展制度体系日益完善，生态环保、产业发展、公共服务等领域引领渝东北川东北一体化发展作用更加凸显，跨界区域、城市乡村等区域板块一体化发展达到较高水平，形成一批可总结、可复制、可推广的省际交界地区统筹发展的经验做法，山清水秀美丽之地基本建成。

（五）区域发展布局。

统筹生态、生产、生活空间，加强区域协调联动，突出主轴驱动、带状串联、组团互动，促进城市相向发展、城乡融合发展，构建"一轴、两带、三组团"的区域发展布局。

"一轴"即以区域内长江黄金水道、成都至达州至万州高速铁路及达州至万州铁路为经济发展主轴。综合发挥万州至开江至达州高速公路、沿长江高速公路等国省道的辐射带动作用，强化沿线区域联结互动，加强对外交流合作，打造统筹发展"主骨架"。

"两带"即以重庆至西安高速铁路和重庆至襄阳铁路沿线重点城镇和产业功能区为经济发展带。发挥骨干交通作用，推进产业梯次布局、集群发展，提高区域产业发展水平，打造特色优势产业集聚区。

"三组团"即以万州区、达州市、开州区城区为支撑的城市功能组团。发挥其组织生产生活、承载发展要素的重要作用，强化城区互动发展，推动城区与重点城镇联动发展，协同打造宜居宜业宜游的高品质人居环境。适时在具备条件的交界地区探索共建统筹发展先行区。

二、共筑山青水美的绿色生态屏障

坚持共抓大保护、不搞大开发，推进国家淡水资源战略储备库建设，共建三峡库区生态廊道、秦巴山区生态屏障，协同推进山水林田湖草沙一体化保护和系统治理，实施生态保护补偿，强化环境污染联防联控，打造森林丰茂、山清水秀、地宜耕植、生物多样的绿色生态屏障。

（六）打造三峡库区生态廊道。以保护长江母亲河、提升全域水质为中心开展"三水共治"，深入推进长江干流及主要次级河流水环境协同治理，强化河流、湖泊、水库、渠系、湿地等支撑作用，统筹水污染治理、水生态修复、水资源保护，严格落实长江十年禁渔，形成纵横成网、功能完备的生态廊道。实施三峡库区消落带综合整治和岸线保护，加强三峡库区长江鲟、珙桐、崖柏等珍稀濒危野生动植物和生物多样性保护。加强长江防护林、公益林建设，实施"两岸青山·千里林带"等生态治理工程，对坡耕地、四荒地、疏幼林地开展水土流失综合治理。

（七）筑牢秦巴山区生态屏障。以保护秦巴山区森林资源安全、治理水土流失为重点，强化秦岭、大巴山等山脉自然风貌整体保护，并行推进"保护—修复—管控"，构筑层次丰富、结构稳定的生态屏障。加大对生物多样性重点生态功能区、自然保护地、生态保护红线等重要区域的管控力度，积极推动渠江、州河等河滩类沙化土地水土流失综合治理，积极推动明月山、南山等废弃矿山生态修复和地质灾害隐患排查治理，加强秦巴山区森林资源培育和管护。

（八）统筹山水林田湖草沙系统治理。大力实施一体化保护和修复工程，增强各项治理工程举措的关联性和耦合性，实现各种生态要素协同治理，不断提升生态系统质量和稳定性。深入推进华蓥山、铜锣山、铁峰山等山体保护和修复，大力推进国家储备林建设，严格限制天然林采伐，科学推进国土绿化行动，精准提升森林质量。在大竹、渠县、开江、竹溪、九龙山等粮食主产区开展耕地轮作休耕制度，保护和改良农田生态系统。积极推动方斗山、七曜山等岩溶地区石漠化综合治理，巩固释放草地防风固沙、涵养水源、保持水土的生态功能。

（九）强化环境污染联防联控。突出大气污染、水污染、土壤污染等重点领域，统筹人才、技术、设备等资源力量，推动跨区域环境联防联控。强化细颗粒物（PM2.5）和臭氧（O_3）协同控制，实施工业源、移动源、生活源综合治理。加强长江、渠江、州河、巴河流域沿岸化工企业污染重点防治，强化南河、浦里河等跨界河道的农业面源污染治理，加强总磷污染防治，协同开展水质联合监测。整县推进农村环境整治，补齐农村生活污水治理短板，系统整治农村黑臭水体。以用途变更为住宅、公共管理与公共服务用地的地块为重点，严格准入管理，有效管控建设用地土壤污染风险。共同推进农用地环境质量监测预警，持续开展周边污染隐患排查整治，实施农用地土壤分类管控、安全利用，推广使用以天然植物为原料的生物农药、生物有机肥。推动毗邻地区生活垃圾处置、污水处理、固体废物和危险废物利用处置等设施共享。

（十）建立生态环境共治机制。衔接国土空间规划分区和用途管制要求，将生态保护红线、环境质量底线、资源利用上线的硬约束落实到环境管控单元和国土空间规划"一张图"，统一管控对象界定标准和管控尺度，探索区域生态环境保护标准、监测、执法"三统一"，全面推行排污许可"一证式"管理。健全生态环境硬约束机制。建立灾害性天气联防协作和信息通报机制，加强生态环境质量监测和污染源监测监控数据共享及分析应用，完善环境应急物资信息库及数据共享机制，支撑精准治污。严格规划环评审查和项目环境准入，推动跨区域环境影响评价会商、危险废物跨省转移协调、突发环境事件预防和应急处置等联动。共同组建环境资源巡回法庭，构建环境资源案件多元化解平台。

三、共建互联互通的基础设施网络

坚持一体布局、适度超前、共建共管、建养并重，统筹建设综合交通网络、水利工程、能源设施和新型基础设施，加快补齐基础设施短板，着力构建绿色智慧、管理协同、安全可靠的基础设施体系，增强统筹发展的基础支撑能力。

（十一）完善铁路综合运输功能。全面融入国家"八纵八横"高速铁路网，加快推进成都至达州至万州高速铁路、重庆至西安高速铁路等干线铁路项目建设，提升对外通道及区域内部运输能力和服务质量，更好促进地方经济社会发展。

（十二）提高公路路网通达水平。加快提升公路路网密度和通行效率，构建城区内通畅、城区间直达、城区与周边地区通达的公路路网体系。提升沪蓉高速公路等既有高速公路通行能力，加快建设万州至开江等国家高速公路。实施普通国省干线提档升级。织密毗邻地区农村路网，持续深化公路安全生命防护工程建设。加强干线公路与城市道路有效衔接，加强公路养护管理，完善体制机制，强化要素保障，推进公路高质量、可持续发展。

（十三）打造长江上游航运枢纽。健全以长江干线为主干、渠江和小江等支流为骨架的航道网络，提高航道等级，推进智慧航道建设，进一步完善长江航运通道。共建以万州港区新田作业区为母港、秦巴（达州）国际无水港和开州港区为辅港的智慧物流港。整合优化港航资源，探索港口跨区域、多元化合资合作，共同建设和运营万州港区新田作业区，完善畅通危险货物运输通道。完善集疏运体系，推进港区铁路专用线建设，推动成都经达州至万州铁水联运大通道常态运营，强化达州至万州铁水联运通道能力，共同提升航运能级。

（十四）提升区域航空运输能力。增强万州、达州机场保障能力，强化机场统筹协作和合理分工，提升辐射周边能力。加快万州五桥机场改扩建。推动机场运营管理公司之间交叉持股、协同管理，实现航线航班衔接互补、一体运营。推动区域低空空域管理改革，充分发挥通用航空在应急救援、防灾减灾、生态文旅等方面的作用。

（十五）加强水利、能源、5G等基础设施建设。提高水资源安全保障能力，加快跳蹬水库等水利枢纽建设，推进论证大滩口水库扩建工程，深入研究论证区域水资源配置格局，协同推进乡村供水工程，加快重点河道防洪治理和病险水库除险加固。推进电力和油气管网互联互通，加快实施达州燃气发电二期项目，规划建设万州液化天然气（LNG）加注码头等项目，研究论证万州、开州燃机热电联产项目。加快电力市场建设，扩大市场主体参与范围。推动天然气（页岩气）勘探开发和就地销售利用。加快推进5G、工业互联网、物联网等信息基础设施建设，深化大数据协同发展，推动数字产业协同互补，构建区域信息互通体系。

四、共育绿色智慧的现代产业集群

坚持产业生态化、生态产业化，重点发展资源节约型、环境友好型产业，加快提升农副产品生态资源和特色优势能源资源加工转化能力，积极推动通道经济向绿色产业经济转化，构建特色鲜明、低碳环保、分工协作、优势互补的产业链供应链体系。

（十六）推动先进制造业创新发展。统筹推进产业分工布局、链式配套，共同培育先进材料、能源化工、食品医药3个千亿级产业集群，合力发展装备制造、绿色照明、电子信息、家居建材等产业集群。协同推进传统制造业向智能化、数字化转型，加快聚集一批具有系统集成能力和智能装备开发能力的智能制造骨干企业。创建万达开省级技术创新中心，推进科技成果跨区域转化，共同培育科创平台和企业。支持建设数字经济产业园，打造区域数据综合利用中心，推进交通物流与制造业深度融合，培育壮大交通运输经济产业集群。联动发展万州国家级经开区、达州高新区、开州浦里新区，打造引领带动作用明显的先进制造业集聚区。

（十七）加快传统产业绿色低碳发展。将资源承载能力、生态环境容量作为承接产业转移的重要依据，合力承接东部地区产业转移，因地制宜发展以内需为主的加工制造业。加快传统产业绿色化、绿色产业规模化改造，推动钢铁、建材等传统行业转型升级，协同发展节能环保、清洁能源产业。共同推广装配式混凝土建筑、钢结构建筑和绿色建材，鼓励万州绿色循环产业园、重庆（开州）智能家居产业园提档升级、绿色发展，支持达州钢铁集团异地搬迁、转型发展。提高清洁能源消费比例，大力实施可再生能源替代行动，坚决遏制高耗能、高排放、低水平项目盲目发展。开展危险化学品产业转移项目和化工园区安全风险防控专项整治工作，支持绿色技术创新，加快推广应用减污降碳技术，积极研究绿氢替代技术及应用，建立完善绿色低碳技术评估、交易体系和科技创新服务平台。

（十八）强化能源资源绿色开发利用。提升特色优势资源深度开发和就地加工转化能力，促进资源优势向产业优势、经济优势转变。立足达州、开州天然气储量优势，建立安全风险会商研判机制，大力探索天然气资源勘探开发新模式，共同拓展以精细化工、磷硫化工、发电等为重点的天然气综合利用下游产业链。加强水资源统一调度管理，充分发挥防洪抗旱、水生态、发电、航运等综合效益。协同推进海相富锂钾资源矿勘探开发，共建锂钾综合开发科技创新平台，共同打造集锂、钾等元素提取及电池级碳酸锂生产等于一体的全产业链，建设锂钾资源开发利用集聚区。加快风电、光伏等清洁能源开发利用。

（十九）协同发展高效特色农业。突出富硒、绿色、生态、有机等特色，打造专业生产、规模经营、精深加工、一体配送的现代农业产业体系。加快果蔬、茶叶、道地中药材等特色农业产业集聚发展，积极推进农产品初加工、精深加工和综合利用，发展生态循环农业体系。联合制定"三峡""秦巴"系列农产品区域性标准，支持建设优质道地中药材产业带和长江上游柑橘产业带，推广三峡柑橘、三峡天丛、巴山雀舌等特色品牌。加快建设优质粮油保障基地、生猪生产基地等，协同提升区域主要农副产品保供能力和水平。

（二十）共建现代物流产业生态圈。依托川渝东出北上门户优势，发挥通道带物流、物流带经贸、经贸带产业效应，加快构建"通道+枢纽+网络"的现代物流运行体系。共同运营三峡物流集团、川渝三峡港口物流公司等市场主体，协同组建长江上游港口联盟。依托重庆航运交易所，共同开展航运交易、航运信息咨询、航运指数研发等航运服务。统筹布局生产服务型和商贸服务型国家物流枢纽，共建物流信息与交易平台，布局培育一批区域绿色智慧物流分拨配送中心、冷链物流中心和商品贸易中心，支持国内知名物流企业设立区域总部或分支机构。加快物流信息化、智能化引领，捕捉生产、服务新需求，融合孕育"物流+"产业发展新业态，形成低成本、高效率、多元化的物流支撑体系。完善城市配送设施和县乡村物流配送体系，提升末端"最后一公里"网络服务能力。

（二十一）共同打造文化旅游目的地。充分利用长江国际黄金旅游带、秦巴山区旅游带优势，挖掘红色文化、移民文化、巴蜀文化等特色文化资源，坚持以文塑旅、以旅彰文，推动文化和旅游融合发展，打造高品质旅游胜地。优化提升三峡平湖、巴山大峡谷等精品旅游资源，联合打造巴山峡江城市休闲度假、红色文化革命传统教育、近山亲水康养避暑等多条精品旅游线路，支持创建一批国家A级旅游景区、国家级旅游度假区。建设大三峡国际旅游集散中心、大巴山国际旅游度假区，共同举办"大三峡·大巴山"国际文化旅游节、世界大河歌会等特色节会。

五、共塑内外联动的开放合作格局

坚持协同推进对外开放与对内合作，积极融入共建"一带一路"、长江经济带发展、西部大开发等重大战略，不断拓展多层次开放合作空间，提高参与国内国际资源配置能力，加快发展开放型经济，推动更高层次的开放合作。

（二十二）共推对内对外开放通道建设。完善提升长江黄金水道骨干通道功能，加快沿江大通道建设，大力发展铁公水多式联运和铁海联运，开行沪渝直达快线万州班轮，优化畅通沿江东出通道，促进与长江中游城市群、东部沿海地区全方位交流合作。积极融入西部陆海新通道建设，推动跨区域干线运输、物流通道建设，加强与北部湾、滇中城市群协作，提升南向物流集散能力，拓展南向开放空间，更高水平连接东盟市场。全面参与中欧班列（成渝）建设和运营，协同周边区域织密物流通道网络，提升西向、北向开放水平，积极拓展"一带一路"市场。

（二十三）共建高水平开放合作平台。支持创建国家开放口岸，推动在符合相关政策的前提下创建航空、铁路、水运等开放口岸，共同建设好万州综合保税区等开放平台，支持自由贸易试验区协同改革先行区复制推广自由贸易试验区制度创新成果。充分发挥既有口岸功能作用，更好满足优势进出口商品通关需要。加强通关协作，探索推进海关全业务领域一体化。用好中国国际智能产业博览会、中国西部国际博览会等重大投资促进平台，联合开展对外营销。

（二十四）共拓区域合作新空间。全面加强与成渝双核的规划对接、设施连接、产业链接、改革衔接，促进通道、平台、政策共用共享，集聚开放合作政策优势。对接京津冀协同发展、粤港澳大湾区建设、长三角一体化发展等重大战略，促进项目、技术、人才等高效配置。加强与长江中下游地区协作，共同推动长江经济带绿色发展。加强与关中平原、兰州—西宁、北部湾、滇中等中西部城市群合作互动，深化能源、物流、产业等领域合作。深化东西部协作，探索建立产业转移跨区域合作机制，以委托管理、连锁经营、投资合作等形式积极承接梯度产业转移。

六、共建普惠均等的公共服务体系

坚持尽力而为、量力而行，协同推进城乡基本公共服务均等化、普惠化，大力拓展教育、公共文化、医疗卫生、人力资源、社会保障等领域合作，织密扎牢民生保障网，持续增进民生福祉。

（二十五）推动教育资源共建共享。协同提升优质基础教育供给能力，支持川渝高校在万达开地区开展多种形式的高层次人才联合培养，推动川渝教育质量较好的学校根据区域建设需求设立分校或合作办学。建立基础教育合作机制，常态化开展学校结对共建、师资交流共训。支持重庆三峡学院、四川文理学院等建设应用型高校。积极发展职业教育，聚焦关键领域、重点行业、重点区域，推动优质高职院校按标准和要求升格为职教本科高校，联手推动产教融合发展，推进专业互补、基地互用，协同培育建设职业教育培训中心。

（二十六）完善医疗养老服务网络。引导川渝两省市优质医疗资源在万达开地区合作办医、设立分院或组建医联体，支持创建一批三甲医院，大力发展心血管、口腔等特色专科，规范设置全科医学科，加强全科医生培养。支持医务人员跨区域多点执业、临床合作和医疗机构跨区域设置，推动智慧医院及区域医疗服务信息平台建设，实现医疗资源共享、结果互认、远程协作。鼓励二三级医院在岗及退休医务人员赴乡村基层开展医疗服务，对边远和卫生服务薄弱地区开展巡回医疗，保障乡村医疗卫生服务全覆盖。推进老年人照护需求评估、入住评估等互通互认，构建综合连续、医养结合的老年健康服务体系。推动养老保险关系顺畅转移，实现医疗保险异地就医直接结算。

（二十七）强化人力资源交流合作。推动建设开放共享、协作统一、规范有序的人力资源市场体系，促进人力资源顺畅流动、优势互补。建立人力资源服务产业发展合作机制，共同举办招才引智活动，联合争创人力资源特色品牌，联动打造人力资源融合发展先行区。立足产业发展需求和人口资源优势，统筹区域人力资源培育和发展，共建技能型人才培养培训基地，着力培养高素质劳动者和技术技能人才。完善居民户籍迁移便利化政策措施，发挥三峡人力资源服务产业园等平台作用，促进人力资源自由流动。探索经营管理人才培育培训模式和多种人才引进方式。国家级、省级人才计划和人才项目向万达开地区倾斜，支持开展人才政策改革试点。

（二十八）构建便民服务体系。全面落实政务服务"川渝通办"事项，实施基本公共服务标准化管理。统筹规划建设公共服务网点，科学设置公共服务半径。深化住房公积金异地转移接续和贷款信息共享、政策协同。搭建跨区域公共交通服务平台，探索公交一体化运营和"一卡通"模式，推动跨省市公交常态化运行。强化应急管理协作，建设渝东北川东北地区应急救援中心及物资储备中心。组建文化体育合作平台，联合申办国际国内文化体育赛事。推动基本公共服务数据资源跨部门、跨领域、跨区域融合共享。

七、共推统筹高效的体制机制改革

立足破解制约统筹发展的体制机制障碍，加快建立统一开放、竞争有序的市场体系，推动各类要素自由流动和高效配置，激发高质量发展的内生动力，构建协作共赢的发展共同体。

（二十九）推进区域要素市场化配置改革。推动土地要素市场化配置综合改革，支持开展土地综合利用改革试点，用好跨省域补充耕地国家统筹机制，强化土地利用全生命周期监管，开展工业用地"标准地"改革，推进"亩均论英雄"考核评价。支持符合条件的企业发行企业债券、公司债券、非金融企业债务融资工具，推动绿色债券、创新创业债券等品种落地。加强公共资源交易平台合作，推进信息、场所、专家等资源共享。

（三十）探索成本共担利益共享机制。以经济区与行政区适度分离改革为主线，探索建立统一编制、联合报批、共同实施的重点规划管理机制和跨区域协同投入机制。在协同开展承接产业转移和共建重大基础设施、合作园区、功能平台等方面，协商确定资金、土地、服务等成本投入共担与财税利益分享机制。开展油气体制改革试点，对接国有油气企业混合所有制改革，探索央企与地方资源开发利益共享发展模式。

（三十一）建立区域生态产品价值实现机制。积极开展生态产品价值实现政策制度创新试验，探索建立生态产品调查监测、经营开发、生态补偿、价值评价和价值实现保障等机制。积极引导社会资本参与三峡库区和秦巴山区森林质量提升、河湖湿地修复等生态保护修复工程建设。落实碳达峰碳中和工作要求，开展生产过程碳减排、碳捕集利用封存和林业碳汇项目开发。

（三十二）协同优化区域营商环境。共同优化市场环境、法治环境、开放环境、政务环境、政商环境，全力打造稳定公平透明可预期的营商环境。强化政务信息资源互联共享，共推"一网办、一证办、移动办"。协同深化投资管理体制改革，围绕跨区域固定资产投资项目审批、核准和备案管理等探索一体化管理服务机制。深化工程建设项目审批制度改革，进一步推进审批标准化、规范化，提升网上审批便利度和智能化水平。推进市场准入异地同标，实现同一事项无差别受理、同标准办理，强化市场监管联动执法。健全涉税事项跨区域办理机制、司法协作机制。强化知识产权创造、保护、运用，开展侵权违法行为联合惩戒。依法依规实施守信激励和失信惩戒，实行失信行为标准互认、信息共享互通、惩戒措施路径互通的跨区域信用惩戒制度。

八、加强实施保障

坚持党对万达开地区统筹发展工作的领导，压实各级政府职责，细化各项政策措施，建立健全协同实施保障机制，确保总体方案主要目标和任务顺利实现。

（三十三）强化组织实施。万州区、达州市、开州区落实地方主体责任，加强组织协调，深化政务协同，推进资源共享，完善工作机制，制定具体的行动计划和专项推进方案，明确各项任务责任人、时间表、路线图，确保目标任务落地落实。常态设立万达开地区统筹发展联合办公室，在万州区集中办公，承担推动方案实施的日常工作，开展重大问题研究，协调推动重大政策、项目、改革有序推进，及时总结推广经验做法，重要政策和重大项目按程序报批。川渝两省市共同制定年度推进计划，在规划编制、政策实施、项目布局、机制创新等方面给予积极支持，适时联合开展督促指导和评估。发挥西部大开发省部联席落实推进工作机制作用，协调解决区域内体制机制创新、生态环境保护、对外开放合作、重大项目建设等跨区域、跨领域的问题，强化跟踪分析和督促检查。

（三十四）完善配套政策。加快健全区域统筹发展规划体系。将符合条件的建设项目纳入专项债券支持范围。鼓励各类金融机构按市场化原则支持万达开地区新型城镇化发展、乡村振兴及重大基础设施建设。研究出台产业、人才、投资、金融等配套政策和综合改革措施。积极稳妥推进国有企业混合所有制改革，支持国资运营平台跨区域合作。

（三十五）引导各方参与。建立周边市（区）县"观察员"机制，推动统筹发展成果在渝东北川东北地区逐层拓展。鼓励各类市场主体参与万达开地区统筹发展，动员行业组织、商会、产学研联盟等开展多领域跨区域合作，释放市场主体活力和创造力。建立公众参与评价机制，广泛听取社会各界意见建议，及时回应社会关切。系统总结宣传万达开地区统筹发展新进展、新成果，营造全社会共同推动的良好氛围。

四川省人民政府　重庆市人民政府关于印发推动川南渝西地区融合发展总体方案的通知[①]

川府发〔2023〕9号

党中央、国务院印发的《成渝地区双城经济圈建设规划纲要》明确提出推动川南渝西地区融合发展。本方案涉及的川南渝西地区包括四川省的自贡市、泸州市、内江市、宜宾市和重庆市的江津区、永川区、綦江区（含万盛经济技术开发区）、大足区、铜梁区、荣昌区，总面积4.66万平方公里，2021年末常住人口2019.11万人、地区生产总值1.42万亿元，是成渝地区除重庆成都双核外区位优势最明显、承载能力最强、产业基础最好的区域。推动川南渝西地区融合发展，有利于优化区域产业链布局，提升经济发展能级和水平，加快形成带动成渝地区高质量发展的重要增长极；有利于推进区域协调发展，增强对成渝地区辐射带动作用，助推新时代西部大开发形成新格局；有利于创新区域融合发展体制机制，探索经济区与行政区适度分离改革有效路径，为跨区域融合发展提供经验借鉴。为加快推动川南渝西地区融合发展，制定本方案。

一、总体要求

（一）指导思想

以习近平新时代中国特色社会主义思想为指导，全面贯彻落实党的二十大精神，坚持稳中求进工作总基调，完整、准确、全面贯彻新发展理念，服务和融入新发展格局，着力推动高质量发展，探索创新跨行政区融合发展体制机制，促进产业、人口及各类生产要素合理流动和高效配置，加快重点产业全链条布局、集群化发展，强化科创资源整合提升、集成转化，推动基础设施互联互通、生态环境联防联治、对外开放协同并进、公共服务共建共享，努力走出全面融合、高效协同、共同繁荣、共同富裕的区域协调发展新路子，打造带动成渝地区高质量发展的重要增长极，助力川渝两省市加快社会主义现代化建设。

（二）基本原则

统筹谋划，一体推进。围绕协调发展、全面融合，加强交通、产业、科技、环保、民生、安全等政策整体设计、衔接配套，做到统一规划、一体部署、相互协作、共同实施，切实提高跨区域融合发展水平，提升区域整体竞争力。

创新引领，产业融合。深入实施创新驱动发展战略，协同推动产业链创新链深度融合，携手推进产业基础高级化、产业链现代化，全面构建创新能力突出、协作配套紧密的现代产业体系，着力

[①] 发文单位为四川省人民政府、重庆市人民政府，发文时间为2023年3月2日。

提高经济发展质量与效益。

生态优先，低碳转型。统筹生态空间管控，统一生态环保标准，完善生态共建共治机制，强化跨界污染联防联控联治，倡导绿色低碳生产生活方式，拓宽生态价值实现路径，促进经济社会发展与人口、资源、环境相协调。

改革突破，开放共赢。着力破解制约高质量融合发展的体制性障碍、机制性梗阻、政策性难题，以深层次改革促进高水平开放，用市场化方法和手段解决问题、激发活力，携手"走出去"、更好"引进来"，不断增强区域影响力和辐射带动力。

区域联动，共建共享。坚持重大政策协同、重点领域协作、市场主体联动，突出利益共享，以市场为导向、平台为载体、资本为纽带，强化资源整合、项目共建，推动形成优势互补、互利共赢的区域发展共同体。

（三）发展定位

成渝地区高质量发展重要支撑带。依托良好的区位优势和发展基础，进一步增强经济实力、科技实力，加快构建集约高效、动能强劲的融合发展轴带，全面提高区域协调发展水平，增强对成渝地区经济发展的影响力和带动力。

跨区域产业融合发展功能区。发挥制造业基础扎实、产业人才集聚优势，聚焦拓展产业链、强化创新链、稳定供应链、提升价值链，推动产业合理分工、高效协作，积极承接产业转移，携手打造一批优势特色产业集群，为跨区域产业融合发展提供典型示范。

成渝地区对外开放合作重要门户。利用西部陆海新通道和长江黄金水道交汇点优势，积极融入共建"一带一路"、长江经济带发展和西部陆海新通道建设，全面对接区域重大战略，全方位扩大开放合作，打造西部陆海新通道和长江经济带物流枢纽，为成渝地区建设内陆开放高地提供重要支撑。

长江上游高品质生活宜居区。彰显绿色本底和巴蜀特色，坚持生产、生活、生态"三生融合"不断优化营商环境，全面提升人居品质，突出塑造"山水相依、江城相拥、城景相融"的区域品牌，打造生态价值全面显现、文化魅力充分彰显、公共服务体系更加完善的美丽幸福生活圈。

（四）发展目标

到2025年，川南渝西地区融合发展机制基本形成，融合发展水平明显提高，综合经济实力大幅提升，地区生产总值达到2万亿元左右，引领带动双城经济圈南翼跨越发展作用不断凸显，成为成渝地区高质量发展的重要增长极。

——产业竞争力显著增强。产业分工更加合理、协作更加高效，形成食品饮料、汽摩、电子信息、装备制造、先进材料等优势产业集群，初步建成具有全国影响力的先进制造业基地。创新发展能力进一步提升，产业链价值链向中高端迈进取得重要突破。到2025年，规模以上工业增加值年均增长10%以上。

——宜居宜业环境更加优质。人居环境更加优美，蓝绿交织的生态空间形态基本呈现。公共服务便利共享水平显著提高，人才综合集聚度持续提升，综合立体交通网络更加完善。

——开放合作能级明显提升。开放通道建设成效明显，自由贸易试验区、综合保税区等重大开放平台功能更加完善，实际利用外资和进出口贸易总额占成渝地区比重持续提高，开放型经济新优势加快形成，促进长江上中下游联动开放作用显著增强，全方位区域交流合作和对外开放水平不断提升，成渝地区对外开放合作重要门户地位充分凸显。

——融合发展机制不断健全。经济区与行政区适度分离改革不断深化，跨行政区规划衔接、政策协同、平台共建、项目协作更加高效，要素市场化配置、公共服务一体化、成本共担利益共享等机制创新取得阶段性突破，统一开放、竞争有序、制度完备、治理完善的高标准市场体系初步建立，形成一批可复制可推广的制度性成果。

到2035年，融合发展机制更加完善，川南渝西地区引领示范效应全面显现，创新引领、国际一流的现代产业体系基本形成，人民生活更加富裕，经济实力、发展活力、城市吸引力、区域影响力显著增强，安居乐业的幸福生活全面实现，成为带动西部地区高质量发展的强劲活跃增长极。

二、构建融合互补的区域发展布局

统筹优化川南渝西地区空间布局，突出轴带支撑、省际交界地区先行，构建东西联动、南北互通的区域融合发展格局。

（五）构建沿主要通道融合发展轴带

沿长江发展轴。依托长江黄金水道、渝昆高铁，推动宜宾、泸州、永川、江津等沿江城市联动实施岸线保护开发和航道港口建设，共建长江上游航运枢纽，协同发展临港经济和通道经济，提升区域中心城市发展能级和辐射带动能力。

成渝南线通道发展轴。依托成渝高铁、成渝高速公路等通道，统筹优化内江、自贡、荣昌等沿线城市生产力布局，支撑成渝中部地区崛起，联动成渝双核发展，做强成渝发展主轴节点城市，提升产业和人口承载能力。

环重庆中心城区发展带。依托重庆三环高速等通道，增强铜梁、大足、綦江、万盛等沿线城市协作，推动老工业城市和资源枯竭型城市转型升级，共同承接重庆中心城区功能外溢，不断提升重庆都市圈发展能级。

内自宜发展带。依托成自宜高铁等通道，推动内江、自贡同城化发展，促进内江、自贡、宜宾协同建设产业转移集中承载地，推动承接产业转移创新发展，共同打造成渝地区现代产业配套基地。

（六）支持省际交界地区融合先行示范

加快泸永江融合发展。推动泸州、永川、江津在规划统筹、政策协同、项目共建等方面先行突破，开展长江经济带绿色发展路径探索，提升对区域优势产业资源的集聚集成和统筹配置能力，打造现代产业集中发展高地，支撑成渝地区先进制造业基地建设。

推动内江荣昌产业协同发展。依托两省市农业高新技术优势和内江、荣昌农业资源，做强优势特色产业，推动一二三产业融合发展，提高农业核心竞争力和综合效益，打造现代农业科技创新策源地，支持创建农业高新技术产业平台，支撑成渝现代高效特色农业带建设。

三、建设融合共赢的特色产业体系

按照大产业、细分工的协作模式，引导资源要素向优势产业集聚，推进产业链供应链深度融合，构建错位发展、梯度互补、高效协同、富有竞争力的特色产业体系。

（七）培育具有国际影响力的优势产业集群。提升产业集聚集群发展水平，加快培育食品饮料、汽车摩托车优势产业集群。发挥全国唯一"浓香、酱香、清香"白酒产区独特优势，支持宜宾、泸州、江津等地白酒产业园区提档升级、联动发展，建设全国领先的白酒生产基地和智能酿造基地，带动自贡、荣昌等地原粮种植、设计包装、基酒酿造等产业发展，培育一批优质白酒产业集聚区，提高白酒全产业链发展水平。突出"新能源＋智能网联"发展方向，强化汽车摩托车产业整零协同，支持永川、江津、宜宾提升整车制造水平，带动大足、铜梁、内江等地汽车摩托车零部件集聚成链发展，提高区域内发动机、电控系统、制动系统等配套率，推动新型高效动力电池、无人驾驶等创新突破，全面提升汽摩产业全球竞争力和产业带动力。

（八）建设全国先进制造业基地。以电子信息、智能装备、新材料产业为引领，强化分工协作、梯度互补，推动战略性新兴产业融合集群发展，加快传统产业改造升级，全面增强制造业竞争力。融入成渝地区"芯屏器核网"全产业链，推动宜宾、泸州、自贡、永川、綦江、万盛、荣昌等地电子信息产业园区相互协作配套，协同发展智能终端、大数据、云计算等产业。围绕提高装备产品成套能力和基础零配件配套能力，推动永川、泸州等地加强数控机床、智能装备等研发制造，支持大足、内江等地推进高端模具等关键基础件产业化，加快自贡、綦江、万盛等地节能环保装备提档升级，促进宜宾、江津等地轨道交通装备集聚发展，协同打造装备制造产业集群。聚焦基础材料升级换代、前沿材料抢占高端，推动自贡、铜梁等地重点发展有机氟、高分子合成、特种纤维等先进复合材料，推动荣昌、内江等地协同建设以陶瓷产业为重点的无机非金属新型材料基地，协同打造新材料产业集群。

（九）促进产业链创新链深度融合。科学配置创新资源，着力构建协同创新体系，增强产业发展新动能。强化科技力量建设，支持布局全国重点实验室，共建技术创新中心等平台。鼓励行业领军企业、科研院所与区域内企业组建创新联合体，鼓励区域内高校与国内一流高校深化合作，面向产业技术创新需求，联手创建一批产学研深度融合的特色一流学科。整合创新要素资源，提升西部（重庆）科学城江津园区、国家生猪技术创新中心等服务区域创新能力，联合成渝双核探索"研发＋转化"新模式，协同加快科技成果转化应用。加强关键技术协同攻关，聚焦新能源汽车、智能装备、清洁能源装备、页岩气开发等领域核心技术瓶颈，着力解决一批"卡脖子"技术问题。打通科技成果市场化转移通道，建设国家技术转移西南中心川南分中心，推动技术交易市场一体化，打造西南地区重要创新成果集散中心。发挥创新引领产业转型升级作用，推动能源化工、冶金建材等传统产业技术改造，培育发展人工智能等新技术新业态。

（十）协同承接产业转移。瞄准国际产能合作和产业布局调整趋势，建立跨区域承接产业转移协调机制，完善招商引资信息对接、项目异地流转财税分成、统计指标合理分算等政策体系，高标准承接成渝双核、东部沿海地区和境外生产基地整体转移、关联产业协同转移。依托自由贸易试验区、国家级开发区、高新区等共同搭建承接产业转移平台，支持宜宾、大足、铜梁、綦江—万盛等争创国家级高新区，高标准建设自贡—綦江、合江—江津、荣昌—隆昌等省际产业合作园区以及内（江）自（贡）合作园区，共同打造承接产业转移新高地。营造一流承接产业转移环境，争取中央预算内投资专项加大支持力度，在市场化、法制化的前提下，创新融资模式，引导行业领军企业将总部运营、研发设计、结算中心等向川南渝西地区布局，增强对产业高端要素的吸引和承接能力，推动主导产业向中高端价值链跃升。

四、构筑高效便捷的基础设施网络

兼顾当前和长远、传统和新型基础设施发展，统筹区域基础设施布局和建设，加快形成立体互联、智能绿色、安全可靠的现代化基础设施网络。

（十一）构建内畅外联交通运输体系。完善川南渝西陆路成网、陆港互联、机场成群的综合立体智慧交通网络。推进西部陆海新通道西线畅通、中线扩能，加快建设隆昌至黄桶铁路隆昌至叙永段扩能改造工程、叙永至毕节段等项目，加快推进成渝铁路成都至隆昌段扩能改造工程、重庆至贵阳等铁路前期工作，加快铁路专用线建设，提高铁路货运量。织密城市间公路交通网，加快推进内江至大足、成渝扩容、重庆至合江至叙永等高速公路建设，推进毗邻地区国省干线提档升级和农村公路"路网缝合"。联合打造长江上游港口群，增强泸州港、宜宾港航运服务能力，规划建设重庆港永川港区，新建集装箱作业区原则上同步规划建设进港铁路，在后续设计、建设、运营管理阶段，新建集装箱码头具备条件的可配套建设危险货物集装箱堆场，畅通危险货物运输通道。实施长江干支流航道等级提升等工程，增强长江上游航运效能和通航能力。优化提升宜宾、泸州等机场运营能力，研究推进内江等机场项目前期工作，规划研究一批通用机场。助力打造成渝世界级机场群。创新交通运营管理模式，探索建立一体化智能交通管理平台，深化跨区域公共交通"一卡通"，强化铁公水空多式联运组织，实施重要客货运输领域协同监管，提升客货运输服务供给效能。

（十二）提升能源水资源安全保障能力。坚持电网互联、管道互通、保障互济原则，积极推动川渝能源一体化发展。推进天府南至铜梁1000千伏交流输变电、永川500千伏输变电工程等电网工程建设。补齐跨区域油气管网等设施短板，加快川气东送二线天然气管道和铜锣峡、黄草峡、牟家坪、老翁场等地下储气库建设，实施威远泸州自贡区块页岩气集输干线工程，协同开发页岩气资源，推动长宁—威远、威远—荣县、永川—荣昌、铜梁—大足、綦江—万盛等区块页岩气规模开发，统筹页岩气就近消纳和外输利用。着力推进渝西水资源配置、向家坝灌区等大中型水利工程及配套设施建设，加快推进藻渡水库前期工作，深入开展长征渠规划论证，实施灌区续建配套与节水改造。实施涪江、沱江等重要支流防洪提升工程，共建洪涝灾害监测预警、联防联控和应急调度系统，增强水资源安全保障能力。

（十三）共建新一代信息基础设施。健全泛在先进的区域信息通信网络，提高5G网络、千兆光纤网络覆盖率，推动互联网协议第六版（IPv6）等新技术规模化部署。推进以"互联网＋制造业"

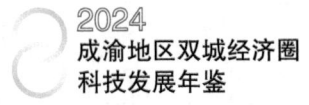

为重点的工业互联网建设,加快国家工业互联网标识解析白酒行业节点推广应用,鼓励参与国家标识解析与标准体系构建。支持有条件的地区布局建设大数据中心国家枢纽节点,建设酒、竹、茶、生猪等特色产业大数据中心,推动长江上游区域大数据中心、网络安全产业基地、西部信息安全谷、西南容灾备份中心、民用无人驾驶航空试验基地等共建共用。

五、建设高标准高水平的对外开放门户

全面融入共建"一带一路"、长江经济带发展和西部陆海新通道建设,强化通道支撑,提升平台能级,发展高水平开放型经济,着力构建联动西部、联通全国、链接全球的开放合作新格局。

(十四)全面融入国家区域重大战略。积极对接京津冀协同发展、粤港澳大湾区建设、长三角一体化发展等区域重大战略,重点加强项目孵化、人才培养、市场拓展、科技攻关等领域合作。鼓励与东部沿海城市建立产业合作结对关系,以联合出资、项目合作、技术支持等方式共建"飞地园区",推动自贡—昆山、铜梁—广州等产业合作园区建设。

(十五)全方位拓展区际合作。深化与成渝双核在开放通道建设、产业统筹布局等方面的协同联动,共同提升成渝地区综合竞争力。加强与北部湾、滇中、黔中城市群在文化旅游、商贸物流、特色农产品加工等领域协作,推动通道优势向经济优势转化。强化与长江中下游城市群在生态环境保护、制造业转型升级、口岸物流等领域协作,共同推动长江经济带绿色发展。

(十六)积极融入"一带一路"建设。加强与东盟、欧盟在物流交易、跨国供应链、跨境电商等领域的合作,共同拓展国际市场。鼓励参与共建"一带一路"进出口商品集散中心,高质量建设国家文化出口基地,推进自贡彩灯、宜宾竹、铜梁龙、大足石刻等特色文化"走出去",积极与"一带一路"沿线国家广泛交流,探索建设国别合作园区。支持承办重大国际赛事和品牌展会,扩大国际活动辐射效应。

(十七)强化通道和平台支撑。共建西部陆海新通道,加强宜宾、泸州、江津等枢纽节点协作,推动綦江、万盛建设渝黔综合服务区,提升物流高质量发展水平。协同建设长江上游航运枢纽,深化与武汉港、南京港等长江中下游港口合作,推动沿海港口在川南渝西地区设立无水港。推动各类港口与中欧班列(成渝)协同联动,统筹组织货源,培育建设国家骨干冷链物流基地。支持复制推广自由贸易试验区制度创新成果,提升宜宾、泸州、江津、永川等综合保税区发展质量,支持符合条件地区按程序申建综合保税区、保税物流中心(B型)。

六、形成共建共治的生态保护格局

坚持保护优先,强化系统治理,把保护和修复生态环境摆在压倒性位置,推动生态空间共保、环境协同共治,夯实生态本底,着力构建"一廊四带多点"生态安全格局。

(十八)推动生态共保。统筹推进山水林田湖草沙系统治理,协同实施"两岸青山·千里林带"

生态工程，筑牢长江绿色廊道，建设沱江、岷江、綦江、涪江生态带，稳固湖泊、水库、渠系、湿地等生态节点。常态化开展岸线生态管护，持续实施长江干流和重要支流岸线生态修复、岸线生态公园和国有林场林相改造提升等工程。支持受益地区与保护生态地区、流域下游与上游通过资金补偿、人才培训、共建园区等方式，积极探索建立跨区域横向生态保护补偿机制。支持创建生态文明建设示范区。

（十九）推进环境共治。协同开展大气污染治理，聚焦细颗粒物（PM2.5）和臭氧加强协同控制，强化挥发性有机物（VOCS）、氮氧化物等多污染物协同减排。实施空气质量稳定达标行动，建立健全大气污染监测预警系统，建立重污染天气共同应对机制，推进应急响应一体联动，推动减污降碳协同增效。共建川渝河长制，加大河湖系统保护治理力度，持续完善河湖管护长效机制，协同推动濑溪河、大清流河、大陆溪河、清溪河、马鞍河等跨界水体治理，统筹推进流域工业污染源治理、城镇污水处理和农业面源污染防治，加强总磷污染防治，深化沱江流域综合治理与可持续发展试点工作。共同加强土壤污染源头防控，深入实施耕地分类管理，强化建设用地污染风险管控与修复，统筹规划建设固体废物综合利用基地和危险废物利用处置中心，深入开展危险废物排查整治。联合开展老工业城市污染治理。加强塑料污染全链条治理。推进农村人居环境整治提升，因地制宜推进厕所革命、生活污水和垃圾治理，实施村庄清洁和绿化行动，强化农业面源污染防治，建设美丽宜居乡村。

（二十）加强统一管控。严格落实长江经济带发展负面清单，协同制定负面清单实施细则。建立联防联控联治机制，加强长江、涪江等跨省界河流环境污染治理，完善危险废物跨省市转移"白名单"制度。推进生态环境数据平台互联互通，推动环保设施共建、信息共享、风险共防。统一开展环境监管执法，实施区域联合立法、联动司法、交叉执法。

七、打造有亮点有特色的宜居宜业目的地

坚持以人民为中心的发展思想，构建多层次、跨区域的公共服务网络，建设"近悦远来"高品质生活宜居地，让融合发展成果更多更公平地惠及人民群众。

（二十一）协同建设西部地区职教高地。充分发挥宜宾国家产教融合试点、永川西部职教基地等资源优势，打造立足川渝、面向西部、服务全国的高水平职教基地。推动职业教育集群式一体化发展，建立职业启蒙教育、中等职业教育、高等职业教育纵向衔接培养体系，争取扩大应用型本科教育规模，开展专业学位研究生教育。深化拓展国家产教融合试点，鼓励校地企联合设立产业学院和实践基地，推行"订单式"、定制式人才培养，探索制定中长期青年人才发展规划扩大高素质劳动者和复合型技术技能人才供给。

（二十二）推进公共服务便利共享。建设全国统一的社会保险公共服务平台，推广以社会保障卡为载体的"一卡通"服务管理模式，实现养老等领域社会保险关系无障碍转移接续。全面推进全国统一的医保信息平台深化应用，持续做好基本医疗保险关系转移接续工作，大力推广医保电子凭

证在就医购药领域全流程应用。推动住房公积金互认互贷，促进公租房保障范围实现城镇常住人口全覆盖，扩大保障性租赁住房供给，着力解决新市民、青年人等群体的住房困难问题。协同构建公共卫生服务体系，推动医疗机构医学检验检查结果互认，支持引进优质医疗资源，有序开展国家区域医疗中心、省级区域医疗中心项目建设，让群众就近享有高质量医疗卫生服务。支持开展城企联动普惠养老专项行动，推进川南渝西公共文化服务体系一体建设，完善区域公共文化资源配置格局，促进公共文化资源、活动、服务、管理等共建共享。推动区域内健身步道、沿河步道、城市绿道互联互通，健身设施共建共享。合理配置无障碍设施设备和便民设施，提高特殊人群出行便利程度和服务水平。加强应急联动，完善重大灾害事件预防处理和紧急救援联动机制，统筹毗邻地区120、110服务范围。

（二十三）共同打造安逸生活胜地。拓展区域消费空间，提升"大竹海""醉美酒乡""河帮菜系"等品牌影响力，创建川派餐饮、重庆火锅、彩灯展览等消费新场景，打造展现国际时尚范、巴蜀慢生活的特色消费集聚区。持续拓展文化和旅游消费，积极建设一批国家级旅游休闲城市和街区、文化和旅游消费试点城市和示范城市、夜间文化和旅游消费集聚区。深度挖掘长江上游生态文化价值、长征沿线红色文化内涵和"三线"工业基地人文底蕴，共建长征国家文化公园，持续推动区域文化和旅游融合发展，推进长江国际黄金文化旅游带建设。发展具有区域特色的运动项目，打造西南户外运动聚集区。依托西南医科大学等优质医疗资源建设区域医疗高地，推动医疗康复与生态养生、运动康养联动发展，打造辐射川渝滇黔的康养融合发展高地。

八、探索统筹协调的跨区域融合发展机制

坚持全面深化改革，探索推进经济区与行政区适度分离，促进要素跨区域合理自由流动，激发市场主体活力，为更高质量融合发展提供强劲内生动力。

（二十四）携手打造一流营商环境。协同深化"放管服"改革，加快实现政务服务线下异地办理和全流程线上办理。探索建立营业执照异地"办、发、领"一体化服务体系。健全"市场准入异地同标"机制，协同构建跨区域"同标准办事"的服务系统，打破审批许可、经营运行等方面显性隐性壁垒。探索反垄断、反不正当竞争等案件线索互联互通机制，深化公平竞争审查第三方评估、交叉互评、结果互认。完善共同认定的知识产权重点保护名录，建立重点企业知识产权协同保护机制。依托"国际贸易单一窗口"提供全流程电子化服务，推动跨境跨区域合作，推进全链条信息共享和业务协同，支持服务贸易创新发展。建设统一开放的人力资源市场，推动共建跨省市人力资源服务产业园，探索人才柔性流动机制。

（二十五）建立重大政策协同机制。探索建立重点领域制度规则和重大政策沟通协调机制，提高政策制定和执行协同性。协调产业准入标准，逐步消除土地、财税、要素价格等产业配套政策差异，支持率先实施统一的招商引资政策。加强基本公共服务制度衔接，推进服务项目、事项内容、保障标准的对接和统筹，探索部分基本公共服务项目财政支出跨行政区结转机制。建立跨区域成本

分担和利益共享机制，推进税收征管一体化，探索异地办税、区域通办。推进金融市场和监管区域一体化，综合运用财政、金融等政策手段激励企业加大研发投入力度。研究探索建设用地收储和出让统一管理，加强土地出让政策协同。探索开展跨区域、市场化城乡建设用地增减挂钩节余指标等交易试点。创新统计分算方式，建立适应经济区与行政区适度分离改革的经济指标核算机制。推动信用一体化建设，逐步形成统一的区域信用政策法规制度和标准体系，推动信用信息开放共享。

（二十六）建立重大事项协作机制。创新规划统一管理机制，统筹10市区生态网络、综合交通、城镇发展等规划内容，加强各级相关规划衔接，实行基础设施等重点领域、毗邻地区等重点区域合作规划联合立项、联合编制、联合审批。建立统一的规划信息管理平台，实现规划成果信息互通、归集共享。建立项目协同实施机制，研究制定统一的企业投资项目核准目录，支持异地受理跨区域共建项目审批和核准，建立标准统一的合作共建项目储备库，推动重大项目跨区域跨部门定期协商调度。探索优化跨区域重大线性工程审批环节，建立线性工程穿越生态红线、基本农田保护区等的协调机制，建立优先保障清单和用地审批绿色通道。建立平台合作共建机制，支持联合组建跨行政区领导小组、联席会、理事会等，探索委托管理、联合组建管委会、合资成立管理公司等管理运营方式。

（二十七）建立市场主体联动机制。支持有条件的企业跨行政区、跨行业、跨所有制并购重组，加强优势资源整合，提高要素配置效率。推动各类开发区和产业集聚区政策叠加、体制机制共用、服务体系共建，支持合作共建园区内市场主体享受同等政策待遇。在市场化、法制化的前提下，探索推动航空、航运等领域企业通过共同出资、互相持股等模式，统一组织实施机场、港口等重大基础设施建设。推动中央企业、大型地方国有企业、跨国公司按照市场化原则设立区域性总部。鼓励民营资本按照市场化原则参与区域内项目建设，支持泸州—江津、内江—荣昌等协同发展民营经济。引导相关行业组织、商会等开展多领域跨区域合作，形成协同推进合力。

九、加强实施保障

坚持党的全面领导，明确各级政府职责，细化各项政策措施，建立健全协同实施保障机制，确保总体方案主要目标顺利实现。

（二十八）加强组织实施。有关市区（开发区）要落实融合发展主体责任，明确工作分工，完善工作机制，制定具体的行动计划和专项推进方案，明确各项任务责任人、时间表、路线图，确保规划目标任务落地落实。轮值举办川南渝西党政联席会议，研究推动融合发展重点工作。组建联合办公室，承担川南渝西地区融合发展日常工作，开展重大问题研究，协调推进实施重大政策、项目、改革。发挥川渝合作工作机制作用，省市层面对规划编制、政策实施、项目布局、机制创新等给予积极支持，适时组织开展联合督导和评估，协调解决建设中存在的问题，及时总结区域融合发展形成的经验做法，有序向重庆市南川区、四川省乐山市等周边有条件的地区复制推广。

（二十九）加大指导支持。加强与西部大开发省部联席落实推进工作机制对接，推动解决体制机制创新、生态环境保护、对外开放合作、重大项目建设等跨区域、跨领域的问题。两省市相关部门要加强对川南渝西地区融合发展的指导协调，把川南渝西地区作为本领域改革创新、先行先试的重要承载地，在重点项目、产业扶持、资源配置、试点示范等方面给予倾斜，支持将有助于川南渝西地区融合发展的重大项目、重大平台、重大改革、重大政策纳入相关规划和政策文件。

其他文件

1.《四川省人民政府办公厅关于印发四川省贯彻〈成渝共建西部金融中心规划〉实施方案的通知》（川办发〔2023〕2号，2023年1月9日）

2.《重庆市人民政府办公厅　四川省人民政府办公厅关于印发推动成渝地区双城经济圈市场一体化建设行动方案的通知》（渝府办发〔2023〕15号，2023年1月31日）

3.《重庆市人民政府关于印发重庆市推动成渝地区双城经济圈建设行动方案（2023—2027年）的通知》（渝府发〔2023〕8号，2023年3月10日）

4.《成渝地区共建"一带一路"科技创新合作区实施方案》（2023年4月22日）

5.《四川省人民政府办公厅　重庆市人民政府办公厅关于印发成渝地区双城经济圈"放管服"改革2023年重点工作任务清单等4个清单的通知》（川办函〔2023〕29号，2023年5月4日）

6.《中共四川省委　四川省人民政府关于支持川中丘陵地区四市打造产业发展新高地加快成渝地区中部崛起的意见》（2023年5月14日）

7.《国家开发银行支持成渝地区双城经济圈建设指导意见（2023年版）》（2023年5月26日）

8.《重庆市人民政府办公厅　四川省人民政府办公厅关于印发川渝自贸试验区协同开放示范区深化改革创新行动方案（2023—2025年）的通知》（渝府办发〔2023〕51号，2023年6月28日）

9.《重庆市科学技术局　四川省科学技术厅关于印发〈川渝共建重点实验室建设与运行管理办法〉的通知》（渝科局发〔2023〕128号，2023年11月3日）

10.《重庆市人民政府办公厅　四川省人民政府办公厅关于印发〈成渝地区双城经济圈"六江"生态廊道建设规划（2022—2035年）〉的通知》（渝府办发〔2023〕85号，2023年11月4日）

11.《重庆市科学技术局　四川省科学技术厅关于印发川渝科研机构协同创新行动方案的通知》（2023年12月4日）

科技创新平台和载体

科创板上市企业名录（2023年）

序号	企业名称	股票代码	所在板块	所在地
1	山外山	688410	医疗器械	重庆两江新区
2	西山科技	688576	医疗器械	重庆两江新区
3	智翔金泰	688443	医药生物	重庆巴南区
4	成都先导	688222	医药生物	四川成都
5	秦川物联	688528	机械设备	四川成都
6	盟升电子	688311	国防军工	四川成都
7	苑东生物	688513	医药生物	四川成都
8	纵横股份	688070	国防军工	四川成都
9	极米科技	688696	家用电器	四川成都
10	智明达	688636	国防军工	四川成都
11	欧林生物	688319	医药生物	四川成都
12	天微电子	688511	国防军工	四川成都
13	圣诺生物	688117	医药生物	四川成都
14	国光电气	688776	国防军工	四川成都
15	中自科技	688737	汽车	四川成都
16	海创药业	688302	医药生物	四川成都
17	坤恒顺维	688283	通信	四川成都
18	中无人机	688297	国防军工	四川成都
19	思科瑞	688053	国防军工	四川成都
20	百利天恒	688506	医药生物	四川成都
21	汇宇制药	688553	医药生物	四川内江
22	华丰科技	688629	机械设备	四川绵阳

国家高新技术产业开发区名录（2023年）

序号	名称	所在地
1	重庆高新技术产业开发区	重庆高新区
2	璧山高新技术产业开发区	重庆璧山区
3	永川高新技术产业开发区	重庆永川区
4	荣昌高新技术产业开发区	重庆荣昌区
5	成都高新技术产业开发区	四川成都
6	自贡高新技术产业开发区	四川自贡
7	攀枝花钒钛高新技术产业开发区	四川攀枝花
8	泸州高新技术产业开发区	四川泸州
9	德阳高新技术产业开发区	四川德阳
10	绵阳高新技术产业开发区	四川绵阳
11	内江高新技术产业开发区	四川内江
12	乐山高新技术产业开发区	四川乐山

国家大学科技园名录（2023年）

序号	名称	所在地
1	重庆理工大学国家大学科技园	重庆巴南区
2	重庆市北碚国家大学科技园	重庆北碚区
3	重庆大学国家大学科技园	重庆沙坪坝区
4	四川大学国家大学科技园	四川成都
5	电子科技大学国家大学科技园	四川成都
6	西南交通大学国家大学科技园	四川成都
7	西南石油大学国家大学科技园	四川成都
8	四川轻化工大学国家大学科技园	四川自贡
9	西南医科大学国家大学科技园	四川泸州
10	西南科技大学国家大学科技园	四川绵阳

国家级科技企业孵化器名录（2023年）

序号	名称	所在地
1	重庆赛伯乐智慧产业科技企业孵化器	重庆两江新区
2	猪八戒文化创意孵化器	重庆两江新区
3	重科智谷	重庆两江新区
4	重庆高新技术产业开发区创新服务中心	重庆高新区
5	育成加速器	重庆高新区
6	第一创客创新孵化器	重庆高新区
7	重庆市科技工作者众创之家孵化器	重庆高新区
8	重庆市黔江区科技企业孵化器	重庆黔江区
9	涪陵金渠科技孵化园	重庆涪陵区
10	重庆环球互联网产业孵化园	重庆渝中区
11	重庆渝中两江大学生科技创业中心	重庆渝中区
12	五里店工业设计产业科技园	重庆江北区
13	重庆COSMO成长工场	重庆江北区
14	重庆大学国家大学科技园创业服务中心	重庆沙坪坝区
15	重庆沙坪坝区工业设计科技企业孵化器	重庆沙坪坝区
16	重庆高技术创业中心	重庆九龙坡区
17	重庆清研理工智能制造孵化器	重庆九龙坡区
18	重庆启迪科技园科技企业孵化器	重庆九龙坡区
19	北碚国家大学科技园创业服务中心	重庆北碚区
20	重庆立洋绿色制造孵化园	重庆渝北区
21	重庆感知科技企业孵化器	重庆渝北区
22	荣昌科技企业孵化器	重庆荣昌区
23	重牧硅谷科技企业孵化器	重庆荣昌区
24	重庆西部食谷科技企业孵化器	重庆江津区
25	重庆云谷·永川大数据产业园孵化器	重庆永川区

续表

序号	名称	所在地
26	重庆力合清创科技孵化园	重庆璧山区
27	重庆高新技术产业研究院孵化园	重庆璧山区
28	重庆都梁科技企业孵化器	重庆梁平区
29	万信科创企业孵化器	重庆万盛经开区
30	成都西南交大科技园管理有限责任公司	四川成都
31	四川川大科技园发展有限公司	四川成都
32	成都新创创业孵化器服务有限公司	四川成都
33	成都电子科大创业孵化服务有限公司	四川成都
34	成都经开科技产业孵化有限公司	四川成都
35	成都西南石油大学科技园发展有限公司	四川成都
36	成都东创科技园投资有限公司	四川成都
37	成都海峡教育科技产业开发有限公司	四川成都
38	成都市天府新区科技创新服务中心	四川成都
39	成都高新技术创业服务中心	四川成都
40	成都高新技术产业开发区技术创新服务中心	四川成都
41	成都新谷孵化器有限公司	四川成都
42	成都天河中西医科技保育有限公司	四川成都
43	成都天府软件园有限公司	四川成都
44	成都成电大学科技园孵化器有限公司	四川成都
45	成都空港科技服务集团有限公司	四川成都
46	成都高投生物医药园区管理有限公司	四川成都
47	成都科杏投资发展有限公司	四川成都
48	成都顺康新科孵化有限公司	四川成都
49	成都连康投资有限公司	四川成都
50	成都阳侠企业管理有限公司	四川成都
51	成都天象智慧产城科技服务有限公司	四川成都
52	成都金融梦工场投资管理有限公司	四川成都

续表

序号	名称	所在地
53	成都盈创天象科技服务有限公司	四川成都
54	自贡市高新技术创业服务中心	四川自贡
55	攀枝花钒钛高新国有资本投资运营有限公司	四川攀枝花
56	泸州高新区创新创业服务中心	四川泸州
57	泸州高新区医药产业园企业孵化管理有限公司	四川泸州
58	四川美圆多企业管理服务有限公司	四川泸州
59	泸州西谷物联网产业孵化有限公司	四川泸州
60	四川德阳广汉高新区创新创业服务中心	四川德阳
61	绵阳科技城科教创业园区创业服务中心	四川绵阳
62	绵阳西南科技大学国家大学科技园有限公司	四川绵阳
63	绵阳市金家林总部经济试验区投资服务中心	四川绵阳
64	绵阳高新区创业服务中心	四川绵阳
65	绵阳高新区生物医药孵化器有限公司	四川绵阳
66	绵阳市游仙区创梦中小企业孵化管理有限公司	四川绵阳
67	遂宁高新区创新创业与现代物流服务中心	四川遂宁
68	四川智腾翼科技有限公司	四川遂宁
69	隆昌市高新技术创业服务中心	四川内江
70	内江市高新技术创业服务中心	四川内江
71	内江高新区高新技术创业服务中心	四川内江
72	内江人和国有资产经营有限责任公司	四川内江
73	乐山高新技术产业开发区创新创业服务中心	四川乐山
74	南充市嘉陵区创新创业服务中心	四川南充
75	四川进德工业投资有限公司	四川眉山
76	宜宾西南互联网产业基地有限公司	四川宜宾
77	宜宾领策科技孵化有限公司	四川宜宾
78	达州经开投资有限公司	四川达州
79	四川天使创业孵化器有限公司	四川达州

国家众创空间名录（2023年）

序号	名称	所在地
国家示范专业化众创空间		
1	数字交通国家备案专业化众创空间	重庆南岸区
2	无线通信国家专业化众创空间	四川成都
3	智慧家庭国家专业化众创空间	四川绵阳
国家备案众创空间		
1	腾讯众创空间（重庆）	重庆两江新区（渝北）
2	赛伯乐（重庆）众创空间	重庆两江新区（渝北）
3	地理文化众创空间	重庆两江新区（渝北）
4	猪八戒网文化创意众创空间	重庆两江新区（渝北）
5	众创汇·众创空间	重庆两江新区（渝北）
6	重科智谷	重庆两江新区（渝北）
7	云创空间	重庆两江新区（渝北）
8	重庆创客部落	重庆两江新区（渝北）
9	智酷众创空间	重庆两江新区（渝北）
10	中冶赛迪科创孵化园	重庆两江新区（渝北）
11	软通两江城市创新中心	重庆两江新区（渝北）
12	菁创海派众创空间	重庆高新区（沙坪坝）
13	科技工作者众创之家	重庆高新区（沙坪坝）
14	第一创客（重庆）创新中心	重庆高新区（沙坪坝）
15	平湖众创空间	重庆万州区
16	汇杰创客工场	重庆万州区
17	E万州众创空间	重庆万州区
18	三峡创客驿站	重庆万州区
19	黔江今媒体众创空间	重庆黔江区
20	繁星众创空间	重庆黔江区
21	安信众创空间	重庆黔江区
22	涪陵"新车间"	重庆涪陵区
23	多邦众创空间	重庆涪陵区
24	互爱科技众创空间	重庆涪陵区

续表

序号	名称	所在地
25	U创空间	重庆渝中区
26	重庆3W空间	重庆渝中区
27	e+众创空间	重庆渝中区
28	D5五维众创空间	重庆渝中区
29	大渡口区天安T+SPACE众创空间	重庆大渡口区
30	成长工场	重庆江北区
31	Tal-Ent升化工厂	重庆江北区
32	D+M浪尖智造工场	重庆沙坪坝区
33	重庆大学科技园科慧众创空间	重庆沙坪坝区
34	重电众创e家	重庆沙坪坝区
35	重庆建筑科技职业学院众创梦工场	重庆沙坪坝区
36	清研理工创业谷	重庆九龙坡区
37	九龙星火联盟创客空间	重庆九龙坡区
38	漫谷众创空间	重庆九龙坡区
39	微托帮创客空间	重庆南岸区
40	星耀多产融合众创空间	重庆南岸区
41	eYou Space	重庆南岸区
42	京东云（重庆）创新中心	重庆南岸区
43	力合重庆星空众创空间	重庆南岸区
44	北碚国家大学科技园"易空间"	重庆北碚区
45	重庆创意公园超级创客中心	重庆渝北区
46	漫调e空间	重庆渝北区
47	立洋绿色众创空间	重庆渝北区
48	感知科技众创空间	重庆渝北区
49	未言创客空间	重庆渝北区
50	威瑞空间	重庆渝北区
51	极速超越创客空间	重庆巴南区
52	重庆工程学院创新创业园（工创空间）	重庆巴南区
53	小青蛙众创空间	重庆南川区
54	青创PARK	重庆綦江区

续表

序号	名称	所在地
55	綦江服务业高质量发展育成中心	重庆綦江区
56	璧山创智工场	重庆璧山区
57	重庆凤凰湖机器人产业众创空间	重庆永川区
58	百川兴邦众创空间	重庆永川区
59	重庆科创职业学院创新创业科技园	重庆永川区
60	重庆市荣昌区古思特创客空间	重庆荣昌区
61	荣联科技众创空间	重庆荣昌区
62	筑梦众创空间	重庆梁平区
63	开街创谷众创空间	重庆开州区
64	聚足众创空间	重庆大足区
65	创嘉众创空间	重庆江津区
66	酉阳在线众创空间	重庆酉阳县
67	盛慧健康众创空间	重庆万盛经开区
68	成都创客坊	四川成都
69	天府软件园创业场	四川成都
70	E创空间	四川成都
71	成都游戏工场	四川成都
72	十分咖啡	四川成都
73	蓉创茶馆	四川成都
74	交大创客空间	四川成都
75	成创空间	四川成都
76	明堂青年文化创意中心	四川成都
77	NEXT创业空间	四川成都
78	智汇青年	四川成都
79	侠客岛	四川成都
80	爱创业科技苗圃	四川成都
81	成都创业学院"创客+部落"	四川成都
82	电子科技大学蓝色工坊	四川成都
83	蓝色蜂巢创业咖啡	四川成都
84	西南交通大学国家大学科技园众创空间	四川成都

续表

序号	名称	所在地
85	四川大学C创空间	四川成都
86	IPC创享·家	四川成都
87	"优聚+"众创空间	四川成都
88	成以众创空间	四川成都
89	众创金融谷	四川成都
90	优贝空间	四川成都
91	创梦空间	四川成都
92	"石大帮创"空间	四川成都
93	436青年文创空间	四川成都
94	成都大学CC空间	四川成都
95	核桃创客空间	四川成都
96	MFG创客联邦	四川成都
97	四川师范大学狮山空间	四川成都
98	毕友创星谷	四川成都
99	成都创客街–西南交大站	四川成都
100	创客家众创空间	四川成都
101	三创谷云创空间	四川成都
102	WORK+众创空间	四川成都
103	融创+众创空间	四川成都
104	万春智汇创客空间	四川成都
105	同济大学·成都龙泉国际青年创业谷	四川成都
106	智汇大实验室	四川成都
107	电子科大科园创工坊	四川成都
108	成都东软学院SOV0众创空间	四川成都
109	成都银泰·优客工场	四川成都
110	"优晨泛娱乐国际加速器"众创空间	四川成都
111	成都工贸职业技术学院创业苗圃	四川成都
112	艾格拉斯泛娱乐国际众创空间	四川成都
113	航天科工通信技术研究院（华灿工场）双创平台	四川成都
114	成都银杏酒店管理学院科技园	四川成都

续表

序号	名称	所在地
115	海创汇（自贡）教育创新产业园	四川自贡
116	攀枝花电子商务产业园	四川攀枝花
117	自强创客空间	四川泸州
118	太山生态园众创空间	四川泸州
119	泸县电子商务众创空间	四川泸州
120	菁泸汇壹间文创空间	四川泸州
121	岷药众创空间	四川泸州
122	泸州市多赢众创空间	四川泸州
123	六脉金融创新众创空间	四川德阳
124	青红中国众创空间	四川德阳
125	1716苗圃空间	四川绵阳
126	富乐绵阳大学生众创空间	四川绵阳
127	智汇谷众创空间	四川绵阳
128	中国（绵阳）科技城军民融合创客空间	四川绵阳
129	创兴孵化器众创空间	四川绵阳
130	创享空间	四川绵阳
131	首战大学生创客空间	四川绵阳
132	同心众创空间	四川绵阳
133	1522文化创意产业园	四川绵阳
134	慧致众创空间	四川遂宁
135	遂创汇·创客360新型众创空间	四川遂宁
136	远成众创	四川遂宁
137	顺意通众创空间	四川遂宁
138	内江信息安全产业科技众创空间	四川内江
139	三人行众创空间	四川眉山
140	电商自主众创空间	四川宜宾
141	Idea Bank创客空间	四川宜宾
142	珙县创新创业孵化基地	四川宜宾
143	创丰汇-众创空间	四川达州

国家认定企业技术中心名录（2023年）

序号	名称	所在地
1	重庆长安汽车股份有限公司技术中心	重庆江北区
2	中国四联仪器仪表集团有限公司技术中心	重庆北碚区
3	太极集团有限公司技术中心	重庆两江新区（渝北）
4	重庆钢铁股份有限公司技术中心	重庆长寿区
5	力帆科技（集团）股份有限公司技术中心	重庆两江新区（渝北）
6	宗申产业集团有限公司技术中心	重庆巴南区
7	隆鑫通用动力股份有限公司技术中心	重庆九龙坡区
8	重庆齿轮箱有限责任公司技术中心	重庆江津区
9	重庆机床（集团）有限责任公司技术中心	重庆南岸区
10	重庆渝化新材料有限责任公司技术中心	重庆长寿区
11	国家电投集团远达环保工程有限公司技术中心	重庆渝北区
12	重庆青山工业有限责任公司技术中心	重庆璧山区
13	重庆耐德工业股份有限公司技术中心	重庆渝北区
14	重庆山外山血液净化技术股份有限公司技术中心	重庆两江新区（渝北）
15	重庆通用工业（集团）有限责任公司技术中心	重庆南岸区
16	重庆莱美药业股份有限公司技术中心	重庆南岸区
17	重庆建工集团股份有限公司技术中心	重庆两江新区（渝北）
18	重庆材料研究院有限公司技术中心	重庆北碚区
19	重庆水泵厂有限责任公司技术中心	重庆沙坪坝区
20	重庆平伟实业股份有限公司技术中心	重庆梁平区
21	重庆金美通信有限责任公司技术中心	重庆沙坪坝区
22	重庆再升科技股份有限公司技术中心	重庆渝北区
23	重庆江增船舶重工有限公司技术中心	重庆江津区
24	重庆水轮机厂有限责任公司技术中心	重庆江津区
25	金龙精密铜管集团股份有限公司技术中心	重庆万州区
26	重庆华邦制药有限公司技术中心	重庆渝北区
27	中国船舶重工集团海装风电股份有限公司技术中心	重庆两江新区（渝北）
28	重庆国际复合材料股份有限公司技术中心	重庆大渡口区
29	重庆华森制药股份有限公司技术中心	重庆渝北区

续表

序号	名称	所在地
30	重庆平伟汽车科技股份有限公司技术中心	重庆渝北区
31	西南计算机有限责任公司技术中心	重庆南岸区
32	重庆博腾制药科技股份有限公司技术中心	重庆北碚区
33	重庆希尔安药业有限公司技术中心	重庆合川区
34	重庆红江机械有限责任公司技术中心	重庆永川区
35	植恩生物技术股份有限公司技术中心	重庆高新区
36	中冶赛迪信息技术（重庆）有限公司技术中心	重庆九龙坡区
37	重庆惠科金渝光电科技有限公司技术中心	重庆巴南区
38	重庆建安仪器有限责任公司技术中心	重庆南岸区
39	中元汇吉生物技术股份有限公司技术中心	重庆大渡口区
40	重庆品胜科技有限公司技术中心	重庆两江新区（渝北）
41	天圣制药集团股份有限公司技术中心	重庆垫江县
42	重庆赛迪热工环保工程技术有限公司技术中心	重庆两江新区（渝北）
43	马上消费金融股份有限公司技术中心	重庆渝北区
44	重庆赛宝工业技术研究院有限公司技术中心	重庆沙坪坝区
45	重庆海润节能技术股份有限公司技术中心	重庆渝北区
46	重庆机电智能制造有限公司技术中心	重庆两江新区（渝北）
47	四川华神集团股份有限公司技术中心	四川成都
48	川化集团有限责任公司技术中心	四川成都
49	中国东方电气集团有限公司技术中心	四川成都
50	成都飞机工业（集团）有限责任公司技术中心	四川成都
51	成都光明光电股份有限公司技术中心	四川成都
52	成都康弘药业集团技术中心	四川成都
53	通威股份有限公司技术中心	四川成都
54	新希望集团有限公司技术中心	四川成都
55	四川科伦药业股份有限公司技术中心	四川成都
56	中国航发成都发动机有限公司技术中心	四川成都
57	成都地奥制药集团有限公司技术中心	四川成都
58	成都国腾实业集团有限公司技术中心	四川成都

续表

序号	名称	所在地
59	中铁八局集团有限公司技术中心	四川成都
60	成都华川电装有限责任公司技术中心	四川成都
61	中国成达工程有限公司技术中心	四川成都
62	中铁二局股份有限公司技术中心	四川成都
63	成都天奥电子股份有限公司技术中心	四川成都
64	成都索贝数码科技股份有限公司技术中心	四川成都
65	明珠家具股份有限公司技术中心	四川成都
66	中铁二院工程集团有限责任公司技术中心	四川成都
67	四川好医生药业集团有限公司技术中心	四川成都
68	成都前锋电子电器集团股份有限公司技术中心	四川成都
69	四川金星清洁能源装备股份有限公司技术中心	四川成都
70	海天水务集团股份公司技术中心	四川成都
71	中铁二十三局集团有限公司技术中心	四川成都
72	中国五冶集团有限公司技术中心	四川成都
73	四川海特高新技术股份有限公司技术中心	四川成都
74	成都硅宝科技股份有限公司技术中心	四川成都
75	四川省丹丹郫县豆瓣集团股份有限公司技术中心	四川成都
76	西南化工研究设计院有限公司技术中心	四川成都
77	成都凯天电子股份有限公司技术中心	四川成都
78	成都宏明电子股份有限公司技术中心	四川成都
79	四川川锅锅炉有限责任公司技术中心	四川成都
80	四川省旺达饲料有限公司技术中心	四川成都
81	四川新绿色药业科技发展有限公司技术中心	四川成都
82	四川电器集团股份有限公司技术中心	四川成都
83	迈普通信技术股份有限公司技术中心	四川成都
84	华派生物工程集团有限公司技术中心	四川成都
85	依米康科技集团股份有限公司技术中心	四川成都
86	中铁隆工程集团有限公司技术中心	四川成都
87	中国化学工程第七建设有限公司技术中心	四川成都

续表

序号	名称	所在地
88	迈克生物股份有限公司技术中心	四川成都
89	成都云图控股股份有限公司技术中心	四川成都
90	成都苑东生物制药股份有限公司技术中心	四川成都
91	成都百裕制药股份有限公司技术中心	四川成都
92	成都天台山制药有限公司技术中心	四川成都
93	成都先导药物开发股份有限公司技术中心	四川成都
94	四川航天烽火伺服控制技术有限公司技术中心	四川成都
95	四川天邑康和通信股份有限公司技术中心	四川成都
96	中自环保科技股份有限公司技术中心	四川成都
97	成都倍特药业股份有限公司技术中心	四川成都
98	成都千嘉科技有限公司技术中心	四川成都
99	四川百利药业有限责任公司技术中心	四川成都
100	中密控股股份有限公司技术中心	四川成都
101	成都极米科技股份有限公司技术中心	四川成都
102	康泰塑胶科技集团有限公司技术中心	四川成都
103	四川航天长征装备制造有限公司技术中心	四川成都
104	厚普清洁能源（集团）股份有限公司技术中心	四川成都
105	成都利君实业股份有限公司技术中心	四川成都
106	中铁工程服务有限公司技术中心	四川成都
107	成都运达科技股份有限公司技术中心	四川成都
108	四川航天中天动力装备有限责任公司技术中心	四川成都
109	中国电建集团成都勘测设计研究限有限公司技术中心（分中心）	四川成都
110	成都青山利康药业有限公司技术中心（分中心）	四川成都
111	通威太阳能（成都）有限公司技术中心（分中心）	四川成都
112	中昊晨光化工研究院有限公司技术中心	四川自贡
113	四川大西洋焊接材料股份有限公司技术中心	四川自贡
114	华西能源工业股份有限公司技术中心	四川自贡
115	攀钢集团有限公司技术中心	四川攀枝花

续表

序号	名称	所在地
116	泸天化（集团）有限责任公司技术中心	四川泸州
117	四川发展龙蟒股份有限公司技术中心	四川德阳
118	二重（德阳）重型装备有限公司技术中心	四川德阳
119	四川宏华石油设备有限公司技术中心	四川德阳
120	四川东方电气自动控制工程有限公司技术中心（分中心）	四川德阳
121	四川长虹电子集团有限公司技术中心	四川绵阳
122	四川九洲电器集团有限责任公司技术中心	四川绵阳
123	四川东材科技集团股份有限公司技术中心	四川绵阳
124	绵阳新晨动力机械有限公司技术中心	四川绵阳
125	利尔化学股份有限公司技术中心	四川绵阳
126	四川铁骑力士实业有限公司技术中心	四川绵阳
127	四川省银河化学股份有限公司技术中心	四川绵阳
128	绵阳富临精工机械股份有限公司技术中心	四川绵阳
129	四川高金食品股份有限公司技术中心	四川遂宁
130	天齐锂业股份有限公司技术中心	四川遂宁
131	四川汇宇制药股份有限公司技术中心	四川内江
132	嘉华特种水泥股份有限公司技术中心	四川乐山
133	四川永祥股份有限公司技术中心（分中心）	四川乐山
134	四川天府江东科技有限公司技术中心	四川眉山
135	四川金象赛瑞化工股份有限公司技术中心	四川眉山
136	中核建中核燃料元件有限公司技术中心	四川宜宾
137	宜宾天原集团股份有限公司技术中心	四川宜宾
138	宜宾丝丽雅集团有限公司技术中心	四川宜宾
139	宜宾五粮液股份有限公司技术中心	四川宜宾
140	四川惊雷科技股份有限公司技术中心	四川宜宾
141	四川省达州钢铁集团有限责任公司技术中心	四川达州
142	四川雅化实业集团股份有限公司技术中心	四川雅安
143	中车资阳机车有限公司技术中心	四川资阳

主要统计指标解释

空气质量优良天数率 空气质量优良以上的监测天数占全年监测总天数的比例。

研究与试验发展（R&D） 为增加知识存量（也包括有关人类、文化和社会的知识）及设计已有知识的新应用而进行的创造性、系统性工作，包括基础研究、应用研究和试验发展3种类型。国际上通常采用R&D活动的规模和强度指标反映一国的科技实力和核心竞争力。

基础研究 一种不预设任何特定应用或使用目的的实验性或理论性工作，其主要目的是获得（已发生）现象和可观察事实的基本原理、规律和新知识。基础研究的成果通常表现为提出一般原理、理论或规律，并以论文、著作、研究报告等形式为主。基础研究可以分为两类——纯基础研究和定向基础研究。

应用研究 为获取新知识，达到某一特定的实际目的或目标而开展的初始性研究。应用研究是为了确定基础研究成果的可能用途，或者确定实现特定和预定目标的新方法。其研究成果以论文、著作、研究报告、原理性模型或发明专利等形式为主。

试验发展 利用从科学研究、实际经验中获取的知识和研究过程中产生的其他知识，开发新的产品、工艺或改进现有产品、工艺而进行的系统性研究。其研究成果以专利、专有技术，以及具有新颖性的产品原型、原始样机及装置等形式为主。

R&D人员 报告期R&D活动单位中从事基础研究、应用研究和试验发展活动的人员。包括直接参加上述三类R&D活动的人员，以及与上述三类R&D活动相关的管理人员和直接服务人员，即直接为R&D活动提供资料文献、材料供应、设备维护等服务的人员。不包括为R&D活动提供间接服务的人员，如餐饮服务、安保人员等；也不包括全年从事R&D活动工作量不到0.1年的人员。

研究人员 从事新知识、新产品、新工艺、新方法、新系统的构想或创造的专业人员及R&D项目（课题）主要负责人员和R&D机构的高级管理人员。研究人员一般应具备中级及以上职称或博士学历。从事R&D活动的博士研究生应被视作研究人员。

技术人员 在研究人员指导下从事R&D活动的技术工作人员。他们的活动包括进行文献检索、从档案馆和图书馆中筛选相关资料；编制计算机程序；进行实验、测试和分析；为实验、测试和分析准备材料和设备；记录测量数据、计算和编制图表；进行统计调查和访谈。还包括R&D课题的一般管理人员。

R&D人员中全时人员 报告期从事R&D活动的实际工作时间占制度工作时间90%及以上的人员，其全时当量计为1人年。

R&D人员折合全时当量　报告期R&D人员按实际从事R&D活动时间计算的工作量，以"人年"为计量单位。为国际上比较科技人力投入而制定的可比指标。是全时人员折合全时当量与所有非全时人员工作量之和，结果取整数。一个全时人员的折合全时当量计为1，非全时人员按实际投入工作量进行累加。例如，有两个全时人员（他们的工作量分别为0.9年和1.0年）和三个非全时人员（他们的工作量分别为0.2年、0.3年和0.7年），则折合为：折合全时当量＝1+1+0.2+0.3+0.7=3（人年）（四舍五入）。

R&D经费内部支出　报告期调查单位内部为实施R&D活动而实际发生的全部经费，按支出性质分为日常性支出和资产性支出。不包括调查单位委托其他单位或与其他单位合作开展R&D活动而转拨给其他单位的全部经费。

日常性支出　为开展R&D活动而发生的人员劳务费、各项管理费用以及购买非资产性的材料、物资费用等其他日常支出。

人员劳务费　报告期调查单位为实施R&D活动以货币或实物形式直接或间接支付给R&D人员的劳动报酬及各种费用，包括工资、奖金以及所有相关费用和福利。非全时人员劳务费应按其从事R&D活动实际工作时间进行折算。

资产性支出　报告期调查单位为实施R&D活动而进行固定资产建造、购置、改扩建及大修理等的支出，包括土地与建筑物支出、仪器与设备支出、资本化的计算机软件支出、专利和专有技术支出等。对于R&D活动与非R&D活动（生产活动、教学活动等）共用的建筑物、仪器与设备等，应按使用面积、时间等进行合理分摊。

仪器和设备支出　报告期调查单位为实施R&D活动而购置的、达到固定资产标准的仪器和设备的支出，包括嵌入软件的支出。

政府资金　调查单位R&D经费内部支出中来自各级政府部门的各类资金，包括财政科学技术拨款、科学基金、教育等部门事业费，以及政府部门预算外资金的实际支出。

企业资金　调查单位R&D经费内部支出中来自本企业的自有资金和接受其他企业委托而获得的经费，以及科研院所、高校事业单位从企业获得的资金的实际支出。

R&D经费外部支出　报告期调查单位委托其他单位或与其他单位合作开展R&D活动而转拨给其他单位的全部经费。不包括外协加工费。

对境内研究机构支出　报告期委托或与境内独立科研单位合作开展R&D活动而支付予其的经费。

对境内高等学校支出　报告期委托或与境内高等学校合作开展R&D活动而支付予其的经费。

对境内企业支出　报告期委托或与境内企业合作开展R&D活动而支付予其的经费。

对境外支出　报告期委托或与国外或港澳台机构合作开展R&D活动而支付予其的经费。

R&D经费投入强度　国际通用的反映地区研发投入强度、衡量科技和经济结合及经济发展方式转变的综合性指标，被国际组织、世界各国及各大城市普遍采用。指全社会R&D经费内部支出与地区生产总值的比重。计算公式：

$$\text{R\&D 经费投入强度} = \frac{\text{R\&D 经费内部支出}}{\text{地区生产总值}}$$

R&D 课题　在当年立项并开展研究工作、以前年份立项仍继续进行研究的研发项目（课题）数，包括当年完成和年内研究工作已告失败的研发项目（课题）。

专利　是专利权的简称，是对发明人的发明创造审查合格后，由国家知识产权局依据专利法授予发明人和设计人对该项发明创造享有的专有权。包括发明、实用新型和外观设计。反映拥有自主知识产权的科技和设计成果情况。

发明专利　对产品、方法或其改进所提出的新的技术方案。是国际通行的反映拥有自主知识产权技术的核心指标。

专利申请量　调查单位在报告期向国内外知识产权行政部门提出专利申请并被受理的件数。

发明专利申请量　报告期调查单位向国内外知识产权行政部门提出发明专利申请并被受理的件数。

专利授权量　报告期由国内外知识产权行政部门向调查单位授予专利权的件数。

发明专利授权量　报告期由国内外知识产权行政部门向调查单位授予发明专利权的件数。

PCT 国际专利申请量　报告期内调查单位作为第一申请人提出的 PCT 国际专利申请数量。PCT 是《专利合作条约》（Patent Cooperation Treaty）的英文缩写，是有关专利的国际条约。根据 PCT 的规定，专利申请人可以通过 PCT 途径递交国际专利申请，向多个国家申请专利。PCT 专利申请分为国际阶段和国家阶段，其中，国际阶段包括国际受理、国际检索、国际公布、初步审查等步骤，经过国际检索、国际公布及初步审查这一国际阶段之后，专利申请人办理进入国家阶段的手续。

中国知识产权局专利局是中国国民或居民的主管受理局，同时也是国际检索单位和国际初步审查单位。中国申请人提出国际专利申请，应当经中华人民共和国国务院有关主管部门同意，并且应当委托涉外专利代理机构办理。中国申请人可以向中国专利局，也可以向世界知识产权组织的国际局提交国际专利申请。

专利申请人只能通过 PCT 申请专利，不能直接通过 PCT 得到专利。要想获得某个国家的专利，专利申请人还必须履行进入该国家的手续，由该国的专利局对该专利申请进行审查，符合该国专利法规定的，授予专利权。

发明专利有效量　报告期调查单位作为专利权人在报告年度拥有的、经国内外知识产权行政部门授权且在有效期内的发明专利件数。

万人发明专利拥有量　每万人口居民拥有的有效发明专利数量。

每万人口高价值发明专利拥有量　每万人口居民拥有的经国家知识产权局授权且在有效期内的战略性新兴领域、在海外有同族专利权、维持年限超过 10 年、有许可他人实施收益或实现质押融资、获得国家科学技术奖或中国专利奖的发明专利件数。

发表科技论文　报告期在学术期刊上发表的最初的科学研究成果。应具备以下 3 个条件：①首

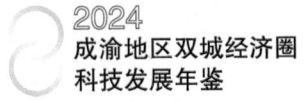

次发表的研究成果；②作者的结论和试验被同行重复并验证；③发表后科技界能引用。统计范围为在全国性学报或学术刊物上、省部属大专院校对外正式发行的学报或学术刊物上发表的论文，以及向国外发表的论文。只统计第一作者编制在本单位或第一署名单位为本单位的论文。

出版科技著作 经过正式出版部门编印出版的论述科学技术问题的理论性文集或专著，以及大专院校教科书、科普著作，不包括翻译国外的著作。由多人合著的科技著作，由第一作者所在单位统计。

科技支出 地方用于科学技术方面的支出，同政府收支分类科目206相同。

技术合同成交额 报告期内企业签订成立的技术合同成交项目的总金额。

技术交易额 登记合同成交总额中，明确规定属于技术交易的金额，即从合同成交总额中扣除所提供的设备、仪器、零部件、原材料等非技术性费用后实际技术交易额，但合理数量的物品并已直接进入研究开发成本的除外。

工业总产值 工业企业在报告期内生产的以货币形式表现的工业最终产品和提供工业劳务活动的总价值量。包括生产的成品价值、对外加工费收入及自制半成品、在制品期末期初差额价值3个部分。工业总产值计算应遵循工业生产的原则（凡是企业在报告期内生产的最终产品和提供的劳务，均应包括在内）、最终产品的原则（企业生产的成品价值必须是本企业生产的，经检验合格不需再进行任何加工的最终产品）和"工厂法"原则（以法人工业企业作为一个整体计算工业总产值，是其报告期内生产的最终产品和提供劳务的总价值量）。

利润总额 企业在一定会计期间的经营成果，是生产经营过程中各种收入扣除各种耗费后的盈余，反映企业在报告期内实现的盈亏总额。来源于会计"利润表"中"利润总额"项目的本年累计数。

企业办研发机构 企业自办或与外单位合办，管理上同生产系统相对独立（或者单独核算）的专门研发活动机构，如企业开办的技术中心、研究院所、开发中心、开发部、实验室、中试车间、试验基地等。一般不包含企业研发管理职能处（科）室（如科研处、技术科等）；若科研处、技术科等同时挂有研发机构牌子，视其报告期内主要工作任务而定，主要任务是从事研究开发的可算作企业办研发机构；该指标不含企业在国外或港澳台设立的研究开发机构。

新产品销售收入 报告期内企业销售新产品实现的销售收入。

研究开发费用加计扣除减免税 报告期内企业按照有关政策和税法规定税前加计扣除的研究开发活动费用所得税。

拥有注册商标数 报告期末企业作为第一商标注册人拥有的，经境内外商标行政部门核准注册且在有效期内的商标件数。包括在境内和境外注册的商标件数，一件商标在境内外同时注册时只统计一件。

形成国家或行业标准数 报告期内企业在自主研究开发或自主知识产权基础上形成的经有关部门批准的国家或行业标准项数。国家标准是指由国家标准化主管机构批准发布，对全国经济、技术发展有重大意义，且在全国范围内统一的标准。对没有国家标准又需要在全国某个行业范围内统一的技术要求，可以制定行业标准，是专业性、技术性较强的标准。作为对国家标准的补充，当相应的国家标准实施后，该行业标准应自行废止。行业标准由行业标准归口部门编制计划、审批、编号、发布、管理。行业标准的归口部门及其所管理的行业标准范围，由国务院行政主管部门审定。

高新技术企业减免税　报告期内高新技术企业按照国家有关政策依法享受的企业所得税减免额。

技术改造经费支出　报告期内企业进行技术改造而发生的费用支出。技术改造指企业在坚持科技进步的前提下，将科技成果应用于生产的各个领域（产品、设备、工艺等），用先进工艺、设备代替落后工艺、设备，实现以内涵为主的扩大再生产，从而提高产品质量、促进产品更新换代、节约能源、降低消耗，全面提高综合经济效益。

购买境内技术经费支出　报告期内企业购买境内其他单位科技成果的经费支出。包括购买产品设计、工艺流程、图纸、配方、专利、技术诀窍及设备的费用支出。

引进境外技术经费支出　报告期内企业用于购买国外或港澳台技术的费用支出，包括产品设计、工艺流程、图纸、配方、专利等技术资料的费用支出，以及购买设备、仪器、样机和样件等的费用支出。

引进境外技术消化吸收经费支出　报告期内企业引进国外或港澳台技术的消化吸收经费支出。引进技术的消化吸收指对引进技术的掌握、应用、复制而开展的工作，以及在此基础上的创新。引进技术的消化吸收经费支出包括人员培训费、测绘费、参加消化吸收人员的工资、工装、工艺开发费、必备的配套设备费、翻版费等。

科学研究和技术服务业非企业单位　有法人地位的政府部门属科学研究与技术开发机构、科学研究和技术服务业有法人地位有研究与试验发展（R&D）活动的其他事业单位和民办非企业单位。

科学仪器与设备　报告期基本建设支出中购置的科研仪器设备总值。